Entwicklungsmöglichkeiten der Energieversorgung in Hamburg und Schleswig-Holstein

Europäische Hochschulschriften

Publications Universitaires Européennes
European University Studies

Reihe V
Volks- und Betriebswirtschaft

Série V Series V
Sciences économiques, gestion d'entreprise
Economics and Management

Bd./Vol. 2880

PETER LANG
Frankfurt am Main · Berlin · Bern · Bruxelles · New York · Oxford · Wien

Jan Thiemann

Entwicklungsmöglichkeiten der Energieversorgung in Hamburg und Schleswig-Holstein

Quantifizierung der Konsequenzen verschiedener Versorgungsstrategien mittels eines optimierenden Energie-Emissions-Modells

PETER LANG
Europäischer Verlag der Wissenschaften

Die Deutsche Bibliothek - CIP-Einheitsaufnahme

Thiemann, Jan:

Entwicklungsmöglichkeiten der Energieversorgung in Hamburg und Schleswig-Holstein : Quantifizierung der Konsequenzen verschiedener Versorgungsstrategien mittels eines optimierenden Energie-Emissions-Modells / Jan Thiemann. - Frankfurt am Main ; Berlin ; Bern ; Bruxelles ; New York ; Oxford ; Wien : Lang, 2002

(Europäische Hochschulschriften : Reihe 5, Volks- und Betriebswirtschaft ; Bd. 2880)
Zugl.: Hamburg, Univ., Diss., 2001
ISBN 3-631-39321-0

D 18
ISSN 0531-7339
ISBN 3-631-39321-0

www.peterlang.de

Meinem Großvater

LUDWIG THIEMANN SEN.

VORWORT

Die vorliegende Arbeit entstand in ihren wesentlichen Teilen während meiner Tätigkeit als wissenschaftlicher Mitarbeiter im Arbeitsbereich Fertigungs-, Energie- und Umweltwirtschaft am Institut für Industriebetriebslehre und Organisation des Fachbereichs Wirtschaftswissenschaften der Universität Hamburg. So gilt denn auch mein besonderer Dank für die Betreuung der Dissertation dem Leiter des Arbeitsbereichs, meinem Doktorvater Herrn Prof. Dr. Günter Altrogge.

Für die Übernahme des Zweitgutachtens danke ich Herrn Prof. Dr. Manfred Layer. Ebenso danke ich Herrn Prof. Dr. Günter Czeranowsky für den Vorsitz in der Promotionskommission und für die wegweisenden Ratschläge zu Beginn meines Promotionsvorhabens.

Nicht unerwähnt bleiben sollen auch die ermutigenden Gespräche mit Christa Hohlfeld und die stets hilfreichen Ermahnungen von Henriette Reis ;-)

Alles wäre jedoch nicht möglich gewesen ohne den starken Rückhalt und die uneingeschränkte Unterstützung, die mir meine Freundin Anja und meine Familie zu jeder Zeit gegeben haben.

Hamburg, im Dezember 2001

INHALTSVERZEICHNIS

SYMBOLVERZEICHNIS

Vorsätze und Vorsatzzeichen

k	Kilo	10^3
M	Mega	10^6
G	Giga	10^9
T	Tera	10^{12}
P	Peta	10^{15}

Einheiten

Leistung

kW	Kilowatt
MW	Megawatt
MW_{el}	Megawatt elektrische Leistung
MW_{th}	Megawatt thermische Leistung
GW	Gigawatt

Arbeit / Energie

TJ	Terajoule
PJ	Petajoule
kWh	Kilowattstunde
MWh	Megawattstunde
MWh_{el}	Megawattstunde elektrische Energie
MWh_{th}	Megawattstunde thermische Energie

Sonstige

a	Jahr
h	Stunde
m^2	Quadratmeter
km^2	Quadratkilometer
t	metrische Tonne

Abkürzungen

p.a.	pro Jahr
p.c.	pro Kopf
BHKW	Blockheizkraftwerk
GuD	Gas- und Dampfturbinen-Kraftwerk
GHD	Gewerbe, Handel und Dienstleistungen
IuK	Information und Kommunikation
GL, ML, SL	Grund-, Mittel-, Spitzenlast
P	Leistung

TABELLENVERZEICHNIS

ABBILDUNGSVERZEICHNIS

1. EINFÜHRUNG

1.1. Energieversorgung in der aktuellen Diskussion

Die überragende Bedeutung einer sicheren und preisgünstigen Energieversorgung für eine moderne Industriegesellschaft wurde in der Bundesrepublik Deutschland früh erkannt, nicht zuletzt durch die Notwendigkeit des Wiederaufbaus des Energieversorgungssystems nach 1945. Dem Stellenwert der Energieversorgung entsprechend waren energiepolitische Fragestellungen seither der Gegenstand einer zumeist kontrovers geführten fachlichen, politischen und öffentlichen Diskussion.

Historisch läßt sich die Entwicklung der deutschen Energiepolitik seit 1949 in fünf Phasen einteilen[1]:

1949 – 1957 Wiederaufbau auf Grundlage der heimischen Kohlevorkommen

1958 – 1972 Wettbewerb zwischen heimischer Kohle einerseits sowie Erdöl und Erdgas andererseits

- Kohleschutzpolitik als strukturpolitische Maßnahme
- Förderung der kerntechnischen Forschung

1973 – 1980 Streben nach Versorgungssicherheit im Zeichen der Ölpreiskrisen

- Gründung der International Energy Agency (IEA)
- Diversifizierung der Energieversorgung: Erschließung der Nordsee-Ölvorkommen und Ausbau der Kernenergienutzung
- Förderung von Energieeinsparung und Energieeffizienz
- Beginn der Auseinandersetzungen um die Kernenergienutzung

1981 – 1989 Phase des Umweltschutzes

- Debatte über den „Sauren Regen“ und das „Waldsterben“

---

[1] In Anlehnung an BRAUCH (Energiepolitik 1997), S. 13 f.

- Inkraftsetzung einer umfangreichen Umweltschutzgesetzgebung[2]
- Verschärfung der Diskussion über die Akzeptanz der Kernenergie als Reaktion auf die Nuklearunfälle in Harrisburg (1979) und Tschernobyl (1986)

seit 1990 Phase der Klimaschutzpolitik

- 1. Weltklimakonferenz in Toronto im Jahre 1988
- Einsetzung der Interministeriellen Arbeitsgruppe „CO_2-Reduktion" auf Beschluß der Bundesregierung im Jahr 1990
- Verabschiedung der Klimarahmenkonvention anläßlich der Konferenz der Vereinten Nationen für Umwelt und Entwicklung 1992 in Rio de Janeiro
- Enquete-Kommissionen „Vorsorge zum Schutz der Erdatmosphäre" des 11. Deutschen Bundestages und „Schutz der Erdatmosphäre" des 12. Deutschen Bundestages
- Beschlüsse von Bundesregierung und Bundestag zur Minderung der energiebedingten CO_2-Emissionen

Auch die aktuelle öffentliche Diskussion wird durch die Problematik der Umweltwirkungen der Energieumwandlung beherrscht. Neben den im Fokus des Interesses stehenden Themen Klimaschutz und Nutzung der Kernenergie ist zudem die im Jahre 1998 in Kraft getretene Novellierung des Energierechts für die zukünftigen Strukturen der Energieversorgung höchst bedeutsam geworden.

1.1.1. Umweltwirkungen der Energieversorgung

Wenn von Abwärmebelastungen, die lokal durchaus bedeutsam sein können[3], abstrahiert wird, dann sind die mit Energieumwandlungsprozessen regelmäßig

---

[2] Als zentrales Gesetzeswerk nennen MATSCHKE / KLINGELHÖFER (Restriktionen 1996, S. 127) hier das Bundesimmissionsschutzgesetz mit seinen Durchführungsverordnungen und Verwaltungsvorschriften.

einhergehenden Stoffströme für die eigentliche Umweltbelastung verantwortlich. Mit anderen Worten, die Stoffdissipationen, wie beispielsweise die mit der Verbrennung fossiler Energieträger verbundenen Emissionen verschiedener Luftschadstoffe, jedoch nicht die Nutzung der Arbeitsfähigkeit der Energie an sich, verursachen den weitaus überwiegenden Teil der Umweltschädigungen, die gemeinhin der Energieversorgung bzw. dem „Energieverbrauch" angelastet werden[4]. So wird aller Voraussicht nach im globalen Maßstab vor der Erschöpfung der heute und zukünftig verfügbaren Reserven von nicht-erneuerbaren Energieträgern die Belastung der Umwelt mit den Umwandlungsprodukten die weitere Verwendung fossiler Brennstoffe zur Energieversorgung beschränken[5]. In einer nationalen Betrachtung könnten allerdings aufgrund der geographisch sehr unterschiedlichen Verteilung der bekannten Vorkommen nicht-erneuerbarer Energieträger und den oftmals als politisch instabil geltenden Förderregionen sehr wohl bereits früher Versorgungsengpässe auftreten.

In der Bundesrepublik Deutschland ist die Belastung der Umwelt durch energiebedingte Emissionen der „klassischen" Luftschadstoffe Schwefeldioxid, Stickoxide und Staub seit der Einführung umfangreicher ordnungsrechtlicher Auflagen erheblich zurückgegangen[6]. Die Einhaltung der festgelegten Grenz- und Richtwerte wurde durch Aus- bzw. Nachrüstung der betroffenen Anlagen mit Rauchgasreinigungsanlagen oder auch Stillegung einzelner Anlagen erreicht. Diese Maßnahmen waren in den 1980er Jahren mit erheblichen Investitionen der Energiewirtschaft und auch Wirkungsgradverlusten in der Energieumwandlung aufgrund der technologisch und energetisch aufwendigen Reinigungsprozesse verbunden.

---

[3] Die an der Elbe liegenden Kernkraftwerke mußten beispielsweise in der Vergangenheit ihre Leistungsabgabe zeitweise verringern, um die Aufheizung des Flusses durch das Kühlwasser in den von den Aufsichtsbehörden tolerierten Grenzen zu halten.

[4] Vgl. VOSS (Nachhaltigkeit 1999), S. 26 und KNIZIA (Energiepolitik 1996), S. 540.

[5] Prognosen über die Reichweiten der verfügbaren Reserven bzw. Ressourcen von Primärenergieträgern finden sich bei SHELL (Energie 1995 und Weltenergie 1995), PROGNOS (Energiereport 1996), DNK (Energie 1997) und BMWI (Reserven 1999).

[6] Beispielsweise sind die der Energieversorgung Hamburgs zuzuschreibenden Schwefeldioxid-Emissionen gemäß den Angaben der UMWELTBEHÖRDE (Umweltatlas 1999) von knapp 100.000 t/a im Jahr 1982 auf gut 10.000 t/a im Jahr 1999 zurückgegangen.

1.1.1.1. Anthropogener Treibhauseffekt

Seit der 1. Weltklimakonferenz in Toronto im Jahre 1988 werden unter den Schlagworten „Treibhauseffekt", „Klimaschutz" und „Globale Erwärmung" die Auswirkungen der vorwiegend energiebedingten Emissionen sogenannter Treibhausgase auf das Klima diskutiert und wissenschaftlich untersucht. Der heutige Kenntnisstand unterscheidet sich hinsichtlich der verschiedenen Aspekte der Klimaforschung: Als gründlich untersucht und genau berechenbar gelte der Treibhauseffekt, größenordnungsmäßig abschätzbar seien die Folgen des Treibhauseffektes für das globale Klima. Die Auswirkungen der prognostizierten Klimaänderungen auf Ökologie und menschliche Lebensbedingungen hingegen seien am wenigsten voraussagbar[7].

Zu unterscheiden ist der natürliche vom anthropogenen Treibhauseffekt: Die von der Sonne erwärmte Erdoberfläche emittiert Wärmestrahlung, die von den in der Atmosphäre vorhandenen Spurengasen (vorwiegend Wasserdampf, Kohlendioxid, Methan, Ozon und Lachgas) absorbiert und an die Erdoberfläche zurückgestrahlt wird. Dieser natürliche Treibhauseffekt sorgt für eine Erhöhung der mittleren Temperatur am Erdboden von etwa 35°C gegenüber einer sich sonst einstellenden Temperatur von -20°C und ermöglichte somit erst die Entstehung der bekannten Lebensformen.

Die durch menschliche Aktivitäten, wie die Verbrennung fossiler Energieträger sowie die großflächige (Brand-) Rodung von Wäldern und Tierhaltung verursachten Emissionen von klimarelevanten Spurengasen bewirken einen zusätzlichen, eben den anthropogenen Treibhauseffekt. Als wichtigstes Treibhausgas gilt in diesem Zusammenhang das Kohlendioxid, dessen relative Treibhauswirksamkeit zwar gering, dessen emittierte Menge jedoch vergleichsweise sehr hoch ist. So trägt in Deutschland allein das bei Energieumwandlungen aller Art freigesetzte CO_2 mit über 80% zu den gesamten Treibhausgasemissionen bei[8]. Unter Berücksichtigung natürlicher Schwankungen ist der CO_2-Gehalt in der Erdatmosphäre gegenüber der vorindustriellen Zeit bereits um über 30% gestiegen;

---

[7] Vgl. HASSELMANN (Klima 1999).

[8] Vgl. UBA (Umweltdaten 1998), S. 17.

die gegenwärtige jährliche Konzentrationszunahme beträgt etwa 0,4%[9]. Für die Abschätzung der resultierenden Klimaänderungen werden aufwendige Rechenmodelle zur Abbildung der komplexen Zusammenhänge im globalen Klimasystem eingesetzt, deren Ergebnisse größenordnungsmäßig eine Erhöhung der globalen Mitteltemperatur um 2 bis 3°C innerhalb der nächsten Jahrzehnte prognostizieren[10].

Aufgrund des globalen Charakters und der befürchteten Auswirkungen der Klimaänderungen wurden auf internationaler und nationaler Ebene verschiedene Abkommen, Forschungs- und Maßnahmenprogramme zur Minderung des Ausstoßes von Treibhausgasen beschlossen[11]. Eine Konkretisierung der Empfehlungen und Absichtserklärungen erfolgte auf nationaler Ebene: In Deutschland sahen die entsprechenden Erklärungen und Beschlüsse von Bundesregierung und Bundestag aus den Jahren 1990 bis 1994 eine CO_2-Emissionsminderung um 25 bis 30% gegenüber 1987 vor. Dieses Ziel wurde im Jahr 1995 auf der ersten Vertragsstaatenkonferenz zur Klimarahmenkonvention in Berlin auf eine Minderung der energiebedingten CO_2-Emissionen um 25% bezogen auf das Basisjahr 1990 modifiziert und in dieser Form von der aktuellen Bundesregierung in der Koalitionsvereinbarung von 1998 bekräftigt[12]. Ergänzt werden die auf politischer Ebene beschlossenen Minderungsziele durch Selbstverpflichtungen der Industrieverbände zu CO_2-Emissionsminderungen in vergleichbaren Größenordnungen.

Im Verlauf der letzten zehn Jahre konnten die energiebedingten CO_2-Emissionen in der Bundesrepublik Deutschland erheblich reduziert werden. Der Großteil der Minderungen ist allerdings auf die massiven Stillegungen von Industrieanlagen und Effizienzsteigerungen in der Energieversorgung der Neuen Bundesländer zu Anfang der 1990er Jahre zurückzuführen[13]. Seit etwa 1993 sta-

---

9 Vgl. ENQUETE (Erdatmosphäre 1995), S. 25 f. sowie UBA (Umweltdaten 1998), S. 19.

10 Vgl. HASSELMANN (Klima 1999).

11 Als grundlegende Vereinbarung gilt die Klimarahmenkonvention, deren deutsche Fassung beispielsweise in BMU (Klimakonvention 1992), S. 7 ff. abgedruckt ist.

12 Vgl. BUNDESREGIERUNG (Koalitionsvereinbarung 1998), Teil IV. Ökologische Modernisierung.

13 Vgl. UBA (Umweltdaten 1998), S. 20.

gniert der Rückgang der CO_2-Emissionen, so daß die Erreichung des Minderungsziels der Bundesrepublik Deutschland bis zum Jahre 2005 aus heutiger Sicht nicht mehr möglich sein wird[14].

1.1.1.2. Nutzung der Kernenergie

Die sogenannte friedliche Nutzung der Kernenergie begann in der Bundesrepublik Deutschland mit der Gründung des Bundesministeriums für Atomfragen im Jahre 1955. Das im Jahre 1959 erlassene Atomgesetz, welches als Gesetzeszweck die Förderung der Kernkraft nannte, schuf die Grundlage für den Bau und den Betrieb von Kernkraftwerken[15]. Unter dem Eindruck der Ölpreiskrisen der 1970er Jahre wurde die Nutzung der Kernenergie verstärkt vorangetrieben, um die Energieversorgung zu diversifizieren und damit die Versorgungssicherheit zu erhöhen. Der Zubau von Kernkraftwerkskapazitäten in den 1970er und 1980er Jahren erfolgte aber auch aufgrund der damals prognostizierten hohen Zuwächse der zukünftigen Nachfrage nach Elektrizität.

Das momentan dienstälteste deutsche Kernkraftwerk liegt in Obrigheim, dessen erste Netzeinspeisung auf das Jahr 1968 datiert. Als jüngste Anlage ging das Kernkraftwerk Neckar II im Jahr 1989 an das Netz. Seit mittlerweile 20 Jahren wurden in Deutschland keine neuen Kernkraftwerke mehr bestellt[16]. Die meisten Kernkraftwerke sind mittlerweile abgeschrieben und befinden sich, solange technisch und energierechtlich ein ungestörter Betrieb möglich ist, in der Phase ihres sogenannten „Goldenen Endes", bevor mit den eigens dafür in beträchtlichen Größenordnungen gebildeten Rückstellungen die atomrechtlich festgelegten Rückbau- und Entsorgungsverpflichtungen eingelöst werden müssen.

---

[14] Der erreichte Stand der Reduktionsbemühungen ist ausführlich in DIW (CO_2-Emissionen 1999) dargestellt.

[15] Die Kernenergie wird in Deutschland so gut wie ausschließlich zur Elektrizitätserzeugung genutzt; lediglich das Kernkraftwerk Stade koppelt seit 1984 Prozeßdampf zur Versorgung eines benachbarten Salinenbetriebes aus (PREUSSENELEKTRA (Kernkraft 1999), S. 24).

[16] Vgl. MÜLLER (Energiepolitik 1999) und BMWI (Energiedaten 2000), S. 28.

Die Kernenergienutzung wird einerseits mit Hinweis auf bereits erfolgte sowie mit sogenannten „Restrisikowahrscheinlichkeiten“[17] als möglich erachtete Schädigungen der Umwelt durch Freisetzung von Radioaktivität und umweltschädigenden Stoffen im gesamten Brennstoffkreislauf von der Uranaufbereitung, bei Transporten, dem Betrieb der Kernkraftwerke (Normalbetrieb und Störfälle), der Wiederaufarbeitung sowie der Zwischen- und Endlagerung von „abgebrannten“ Brennelementen und anderen radioaktiven Rückständen[18] abgelehnt. Von anderer Seite jedoch wird die Kernenergie in Anbetracht der Treibhausproblematik als unverzichtbare Technologie zur Begrenzung bzw. Verringerung des Ausstoßes von Treibhausgasen beurteilt. Die Diskussionen um die Nutzung der Kernenergie wurden nicht nur auf politischer und wissenschaftlicher Ebene geführt, sondern gipfelten wiederholt in gewalttätigen Auseinandersetzungen um die Bauplätze kerntechnischer Anlagen in Brokdorf, Wackersdorf und Gorleben sowie um die Transporte von Rückständen aus der Wiederaufarbeitung von Brennelementen in „Castor“-Behältern.

Abseiten des Abwägens der wirtschaftlichen sowie energie- und umwelttechnischen Vor- und Nachteile der Kernenergienutzung wird letztlich die gesellschaftliche Akzeptanz dieser Technologie für ihre weitere Entwicklung und ihren möglichen Beitrag zur Energieversorgung ausschlaggebend sein. Die energiepolitischen Leitlinien der seit September 1998 amtierenden Bundesregierung sehen hierzu in der Koalitionsvereinbarung einen möglichst kurzfristigen Ausstieg aus der „Nutzung der Atomkraft[19]“ vor. Zur Umsetzung dieses Vorhabens wurden mit der Energiewirtschaft die sogenannten Konsensgespräche geführt, um einen für die öffentliche Hand entschädigungsfreien Ausstieg zu ermöglichen. Als Ergebnis wurde für jedes Kraftwerk eine Regellaufzeit von 32 Jahren und eine auf andere Kernkraftwerke übertragbare Reststrommenge vereinbart. Darüber hinaus beabsichtigt die Bundesregierung die Festschreibung eines ge-

---

[17] Zur Kritik an der Verwendung von Wahrscheinlichkeiten in diesem Zusammenhang vgl. ALTROGGE (Energie und Umwelt 1998), S. 527.

[18] Hier wird besonders Plutonium wegen seiner langen Halbwertszeit und Kernwaffenfähigkeit problematisiert. Insgesamt sind aus deutschen Kernkraftwerken bislang etwa 80 t Plutonium aus abgebrannten Brennstäben angefallen (PLUTONIUM (1999)).

[19] Vgl. BUNDESREGIERUNG (Koalitionsvereinbarung 1998), Teil IV. Ökologische Modernisierung.

setzlichen Neubauverbots für Kernkraftwerke mittels einer Novellierung des Atomgesetzes.

Unabhängig von der Umsetzung dieser Ausstiegspläne wird die Zukunft der Kernenergie in Deutschland insbesondere auch von den Entwicklungen auf den nunmehr deregulierten Elektrizitätsmärkten erheblich beeinflußt werden. Der Zubau neuer Kraftwerkskapazitäten wird in diesem Umfeld von erhöhten Anforderungen an die Flexibilität des Kraftwerkseinsatzes sowie vergleichsweise kurzen Amortisationszeiten und geringen Kapitalbindungen bestimmt werden, so daß die Errichtung neuer Kernkraftwerke unter diesen Bedingungen nicht zu erwarten sein wird. Die Entwicklungen im bereits seit einigen Jahren deregulierten Elektrizitätsmarkt Großbritanniens bestätigen diese Erwartungen: Der geplante Verkauf der Kernkraftwerke an private Betreiber ist gescheitert, Kohlekraftwerke wurden stillgelegt und neu hinzugekommene Kraftwerkskapazitäten werden fast ausschließlich mit Erdgas befeuert[20].

1.1.2. Deregulierung der Energiewirtschaft

Die Rechtfertigung einer weitgehenden staatlichen Regulierung der Märkte leitungsgebundener Energieträger durch das von 1935 bis 1998 geltende Gesetz über die Elektrizitäts- und Gasversorgung (Energiewirtschaftsgesetz) bestand vorrangig im Interesse des Vorantreibens einer flächendeckenden „Elektrifizierung" und Versorgung mit Gas in Deutschland. Die Energieversorgungsunternehmen wurden verpflichtet, in ihrem Versorgungsgebiet jedermann zu allgemeinen Bedingungen und allgemeinen Tarifen an das Strom- bzw. Gasnetz anzuschließen und zu versorgen. Als weitere Gründe wurden die Besonderheiten des Wirtschaftssektors (Leitungsgebundenheit und mangelnde Speicherbarkeit der Produkte), die Vermutung des Vorliegens eines natürlichen Monopols und die Befürchtung ruinöser Konkurrenz genannt[21]. SCHNEIDER verweist schlicht auf die „überragende gesamtwirtschaftliche Bedeutung des Energiesektors" als Begründung für das energiepolitische Engagement des Staates in allen Industrieländern[22].

---

[20] Vgl. SCHMIDT (Erdgas-Kraftwerke 1999).

[21] Vgl. BOLLE (Deregulierung 1993), S. 231.

[22] Vgl. SCHNEIDER (Energieplanung 1989), Sp. 361.

Nach 1949 war Energiepolitik in Deutschland über lange Zeit gleichbedeutend mit Kohleschutzpolitik, die neben der energiepolitischen Zielsetzung einer Sicherung heimischer Energieträger nicht zuletzt auch struktur- und sozialpolitische Ziele verfolgte. Durch den „Jahrhundertvertrag“, den mittlerweile als verfassungswidrig kassierten „Kohlepfennig“[23] und mehrere Verstromungsgesetze wurden die Strukturen der Elektrizitätserzeugung über mehrere Jahrzehnte in ihren Grundzügen festgelegt.

Über den Weg ordnungsrechtlicher Ge- und Verbote wurden später insbesondere die Aspekte des Umweltschutzes in die Energieversorgung integriert, wobei die Anzahl der relevanten Gesetze und Verordnungen mittlerweile den Überblick über die Rechtslage erschwert. Allein das oben genannte Bundesimmissionsschutzgesetz wird durch nicht weniger als 19 Durchführungsverordnungen ergänzt[24]. Der Bau und der Betrieb von Anlagen in der gesamten Energiewirtschaft sind weitestgehend genehmigungspflichtig und durch den Bezug des Bundesimmissionsschutzgesetzes auf den Stand der Technik[25] wird laufend ein hoher Anspruch an die Ausführung der technischen Maßnahmen zum Emissionsschutz gestellt. Auf der Ebene der Bundesländer und der Kommunen kommen weitere Vorschriften hinzu: Hier sind insbesondere die in den Neuen Bundesländern im Rahmen von kommunalen Versorgungskonzepten erlassenen Anschluß- und Benutzungszwänge für leitungsgebundene Energieträger zu erwähnen.

Einen weiteren Eingriff des Gesetzgebers in die Strukturen der Energieversorgung stellte die Förderung der Nutzung regenerativer Energiequellen durch das 1990 erlassene Stromeinspeisungsgesetz[26] dar, das eine Anschlußpflicht des Einspeisers für den nächstgelegenen Netzbetreiber und einen bestimmten, je nach regenerativer Energiequelle unterschiedlichen Anteil der Durchschnittser-

---

[23] Vgl. BVERFG (Kohlepfennig 1994).

[24] Stand vom 26. März 1998 (UMWELTRECHT (1998)).

[25] Das Bundesimmissionsschutzgesetz §5 Abs. 2, i.d.F. vom 14. Mai 1990, definiert den Stand der Technik als den Entwicklungsstand „fortschrittlicher Verfahren, Einrichtungen und Betriebsweisen“ (UMWELTRECHT (1998)).

[26] Gesetz über die Einspeisung von Strom aus erneuerbaren Energien in das öffentliche Netz; zuletzt geändert durch Art. 3 des Gesetzes zur Neuregelung des Energiewirtschaftsrechts (BGBL (Energiewirtschaftsrecht 1998)).

löse aus dem Elektrizitätsverkauf als Vergütung vorschrieb. Insbesondere der massive Ausbau der Nutzung von Windkraftanlagen zur netzgekoppelten Elektrizitätserzeugung in den 1990er Jahren ist auf das Inkrafttreten des Gesetzes zurückzuführen. Daneben wurden weitergehende Fördermittel aus Bundesmitteln, beispielsweise aus dem „100-MW-Wind" - Programm sowie aus entsprechenden Länderprogrammen gewährt.

Der Auslöser für die neueren Entwicklungen auf dem Elektrizitätsmarkt war die Binnenmarktrichtlinie[27] der Europäischen Union und ihre Umsetzung in nationales Recht durch das Gesetz zur Neuregelung des Energiewirtschaftsrechts[28], das im April 1998 in Kraft trat. Im einzelnen wurden das Energiewirtschaftsgesetz, das Gesetz gegen Wettbewerbsbeschränkungen und das Stromeinspeisungsgesetz novelliert. Bereits im Jahr 1997 wurde die Kohleschutzpolitik derart geändert, daß der Steinkohlebergbau mit festgelegten, jährlich sinkenden Subventionsbeträgen unterstützt wird, die bei gegebener Kostensituation die Vermarktung bestimmter Mengen heimischer Steinkohle auf dem Preisniveau der Importkohle ermöglichen[29].

Vor der Novellierung des Energierechts war die Stromversorgung in Deutschland durch das Prinzip der geschlossenen Versorgungsgebiete geprägt. Die geschlossenen Versorgungsgebiete wurden durch Konzessionsverträge und Demarkationsverträge gesichert, die vom allgemeinen Kartellverbot freigestellt waren. Als Konsequenz dieser Monopolstrukturen bestanden besondere Aufsichts- und Eingriffsrechte des Staates, welche im Energiewirtschaftsgesetz und im Gesetz gegen Wettbewerbsbeschränkungen geregelt waren. Nach neuem Recht ist die kartellrechtliche Freistellung von Demarkationsverträgen und ausschließlichen Konzessionsverträgen aufgehoben. Der Netzbetreiber ist verpflichtet, Dritten die diskriminierungsfreie Nutzung seines Netzes via Durchleitung zu gestatten. Grundsätzliches Ziel dieser Regelung ist es, den generellen Wettbewerb um Einzelkunden zu ermöglichen. Die allgemeine Anschluß- und Versorgungspflicht, einschließlich der Preisaufsicht über die allgemeinen Tarife, bleibt auch nach neuem Recht erhalten.

---

[27] EU-AMTSBLATT (Richtlinie 1997)

[28] BGBL (Energiewirtschaftsrecht 1998)

[29] BGBL (Steinkohle 1997)

Als Folge dieser Marktöffnung war die zumindest buchhalterische Trennung der bislang integrierten Energieversorgungsunternehmen in die Bereiche Erzeugung, Netzbetrieb und Vertrieb notwendig. Zur Regelung der Durchleitung haben sich Energiewirtschaft und Industrieverbände in der privatwirtschaftlichen Verbändevereinbarung über die Modalitäten und Vergütungen verständigt. Da die mittlerweile in der zweiten Fassung vorliegende Vereinbarung aber immer noch der Kritik aus Politik, von Verbraucherverbänden und neuen Marktteilnehmern ausgesetzt ist, könnte die Durchleitung nach Gesetzeslage auch per Verordnung und entsprechend eingesetzter Deregulierungsbehörde geregelt werden.

Als jüngste Eingriffe des Staates in die Energieversorgung stellen sich die Ökologische Steuerreform[30] und das Erneuerbare-Energien-Gesetz[31] dar. Mit dem Gesetz zum Einstieg in die Ökologische Steuerreform wurde der Versuch unternommen, mit dem Ziel einer Internalisierung der externen Kosten negativer Umwelteffekte der Energieumwandlung den Energieverbrauch zu verteuern und als Nebeneffekt („Doppelte Dividende") die Lohnnebenkosten mit den (Mehr-) Einnahmen aus der Strom- und Mineralölsteuer zu entlasten[32]. Die Ausgestaltung des Gesetzes sieht umfangreiche Ausnahmeregelungen vor, wodurch die Erreichung des beabsichtigten Lenkungseffekts angezweifelt werden darf, da sehr viele und insbesondere die energieintensiven Branchen von den Ausnahmeregelungen profitieren[33].

Das Ziel des Erneuerbare-Energien-Gesetzes ist es hingegen, „im Interesse des Klima- und Umweltschutzes eine nachhaltige Entwicklung der Energieversorgung zu ermöglichen und den Beitrag erneuerbarer Energien an der Stromversorgung deutlich zu erhöhen, um entsprechend den Zielen der Europäischen Union und der Bundesrepublik Deutschland den Anteil erneuerbarer Energien

---

30 BGBL (Ökologische Steuerreform 1999)

31 BGBL (Erneuerbare Energien 2000)

32 Zur Kritik an der Verfassungsmäßigkeit dieses Vorgehens vgl. LIST (Öko-Stromsteuer 1999).

33 Vgl. DIW (Steuerreform 1999).

am gesamten Energieverbrauch bis zum Jahr 2010 mindestens zu verdoppeln"[34]. Das Gesetz ersetzt das Stromeinspeisungsgesetz und enthält im Gegensatz zu diesem feste, zeitlich gestaffelte Vergütungssätze für die eingespeisten Strommengen, da der Gesetzgeber durch die Kopplung der Vergütung an die zuletzt deutlich gesunkenen Durchschnittserlöse der Energieversorgungsunternehmen die Erreichung der im Gesetzeszweck genannten Ziele gefährdet sah.

Die vorstehende Darstellung ausgewählter energie-, fiskal- und ausgabenpolitischer Instrumente sowie ordnungsrechtlicher Ge- und Verbote läßt den Begriff der „Deregulierung" im Zusammenhang mit der Novellierung des Energierechts fast als Euphemismus erscheinen, finden sich doch weiterhin staatliche Eingriffe in das Energieversorgungssystem in vielfältiger und tiefgreifender Form. Jedoch gehört zumindest im Bereich des Umweltschutzes die Setzung und Durchsetzung allgemeiner Rahmenbedingungen zu den staatlichen Aufgaben, wenn auch die Regelungsdichte oftmals kritisiert wird[35].

1.2. Langfristige Planung von Energieversorgungssystemen

1.2.1. Systemanalytischer Planungsansatz

Der Startpunkt jeder Planung ist ein Gestaltungswunsch, der sich auf ein abzugrenzendes System, hier ein Energieversorgungssystem, bezieht[36]. Das zu planende Energieversorgungssystem umfaßt alle technischen und ökonomischen Einrichtungen innerhalb einer geographischen Region zur Erbringung der dort nachgefragten Energiedienstleistungen[37]. Als wichtigste Eigenschaft von Energieversorgungssystemen in bezug auf deren Planung sind die Komplexität der zu berücksichtigenden Zusammenhänge, die außerordentliche Kapitalintensität der Investitionen sowie die Langfristigkeit der Planung zu nennen[38]. Die strategische Planung in der Energiewirtschaft muß diese Besonderheiten des zu pla-

---

[34] Vgl. §1 des Gesetzes für den Vorrang Erneuerbarer Energien (BGBL (Erneuerbare Energien 2000), S. 305).

[35] Vgl. ALTROGGE (Unternehmung und Umwelt 1994), S. 239.

[36] Zum Planungsprozeß und zum Systembegriff siehe SCHNEEWEIß (Planung 1991), S. 18 ff.

[37] Vgl. SCHLENZIG (PlaNet 1997), S. 17.

[38] Vgl. TRÖSCHER (Planung 1989), Sp. 371.

nenden Systems ebenso berücksichtigen wie die oben genannten staatlich gesetzten Rahmenbedingungen und technisch-physikalischen Besonderheiten der erzeugten Produkte und angewendeten Verfahren.

Das Zielsystem bei der Planung von Energieversorgungssystemen ist im Energiewirtschaftsgesetz festgelegt. Dort wird in §1 als Zweck des Gesetzes eine „möglichst sichere, preisgünstige und umweltverträgliche leitungsgebundene Versorgung mit Elektrizität und Gas im Interesse der Allgemeinheit“ [39] genannt. Dieses Zieldreieck der Energiewirtschaft bildet den Maßstab aller energiewirtschaftlichen Planungen, wobei die Forderung nach Umweltverträglichkeit erst im Zuge der oben dargelegten Neuregelung des Energierechts explizite Erwähnung fand, während das Ziel der Versorgungssicherheit bislang die Entscheidungen in der Energiewirtschaft dominierte.

Durch die im großtechnischen Maßstab mangelnde Speicherbarkeit der Produkte Elektrizität und Fernwärme ist eine bedarfssynchrone Erzeugung erforderlich. Dies bedeutet den Zwang zur Vorhaltung einer jederzeit ausreichenden freien Leistung aller Komponenten des Versorgungssystems zur Befriedigung der jeweiligen Nachfrage[40]. Aufgrund von Prognosen der zukünftigen Höhe und zeitlichen Struktur der Nachfrage wird im Rahmen der langfristigen Kraftwerkszubauplanung ein nach wirtschaftlichen Kriterien optimierter Kraftwerkspark angestrebt[41]. Das grundsätzliche Optimierungskalkül ist hierbei, die nach Lastbereichen unterscheidbare Nachfrage durch den Zubau entsprechend angepaßter Umwandlungskapazitäten möglichst kostengünstig zu decken, wobei neben den unterschiedlichen Kostenstrukturen verschiedener Kraftwerkstypen auch technische Kriterien, wie die Eignung für den Einsatz in der Spitzenlastdeckung mit häufigen und schnellen An- und Abfahrvorgängen, zu beachten sind.

Die Bewältigung der vorstehend umrissenen Planungsaufgabe verlangt eine ganzheitliche, systemanalytische Herangehensweise mit dem Ziel, die zukünftigen Entwicklungsmöglichkeiten von Energieversorgungssystemen aufzuzeigen,

---

[39] BGBL (Energiewirtschaftsrecht 1998), Art. 1

[40] Zur Definition und Verwendung von Verfügbarkeits-, Leistungs- und Arbeitsbegriffen in der Energiewirtschaft siehe VDEW (Begriffsbestimmungen 1990).

[41] Vgl. KUGELER / PHLIPPEN (Energietechnik 1990), S. 335 f. und PFAFFENBERGER (Elektrizitätswirtschaft 1993), S. 139 ff.

im Sinne der Zielvorstellungen attraktive Strategien zu identifizieren und deren Wechselwirkungen und Auswirkungen zu quantifizieren. Zu diesem Zweck ist ein fragestellungsbezogenes Modell als abstrahierte und formalisierte Abbildung des realen Energieversorgungssystems aufzustellen, um anhand dieses Hilfsmittels die Untersuchungen durchführen zu können, da das reale System aufgrund seiner hohen Komplexität und der Unmöglichkeit von experimentellen Eingriffen einer direkten Untersuchung nicht zugänglich ist[42].

Der in dargelegten Vorgehensweise folgend sind die Modellergebnisse in die Kategorien des realen Problems zurückzutransformieren und entsprechend der Fragestellung zu interpretieren, wobei die Grenzen der Aussagekraft aufgrund der notwendigen Vereinfachungen bei der Modellbildung, Datenunsicherheiten sowie Eigenarten der gewählten Rechen- bzw. Optimierungsverfahren zu berücksichtigen sind. Durch die Anwendung der Szenariotechnik und mit Hilfe von Sensitivitätsanalysen können Datenunsicherheiten explizit in den Planungsdaten berücksichtigt bzw. können deren Auswirkungen auf die Ergebnisse aufgezeigt werden.

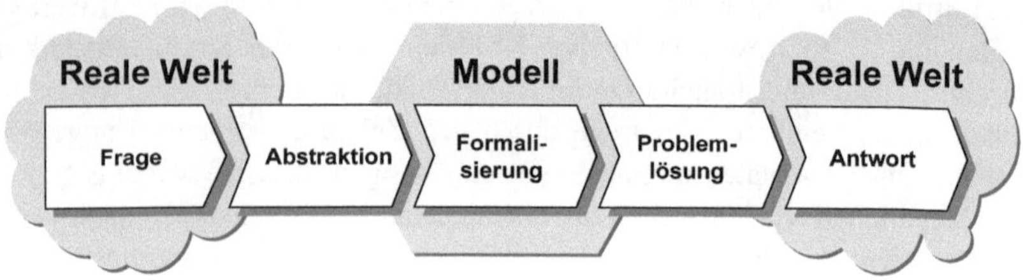

Abbildung 1-1: Modellbildung; nach MARTINSEN / MARKEWITZ *(Szenarien 1996), S. 674*

Zur Behandlung der bei der Planung von Energieversorgungssystemen vorliegenden Mehrzielproblematik sind viele Verfahren vorgestellt worden, die je-

[42] Zur systemanalytischen Vorgehensweise siehe beispielsweise SCHNEEWEIß (Planung 1991) und (Planung 1992), BAETGE / FISCHER (Systemanalyse 1989), MÜLLER-MERBACH (OR 1973), S. 14 ff., HANSSMANN (Systemforschung 1987) sowie HANSSMANN (Energiemodelle 1976) mit besonderem Bezug auf die Planung von Energieversorgungssystemen.

doch alle eine mindestens implizit vorhandene Präferenzordnung der Entscheider unterstellen und das ursprünglich mehrdimensionale Entscheidungsproblem mittels mehr oder weniger aufwendiger rechnerischer Verfahren in ein eindimensionales Entscheidungsproblem überführen[43]. Davon abgesehen, daß das Vorliegen einer allgemein anerkannten Präferenzordnung gerade im Bereich der Energieplanung nicht unterstellt werden kann, leidet bei der Anwendung der Verfahren zum „Multi Criteria Decision Making" regelmäßig die Transparenz und damit auch die Akzeptanz der Ergebnisse. Als Entscheidungshilfe sollten statt dessen die jeweiligen Zielerreichungsgrade konkurrierender Alternativstrategien quantitativ offenlegt werden[44]. Den Entscheidungsträgern obliegt es dann, auf dieser Grundlage gegebenenfalls eine Gewichtung der Ziele vorzunehmen und eine Entscheidung zu treffen.

1.2.2. Notwendigkeit einer regionalen Planung

Bei der geographischen Abgrenzung eines zu untersuchenden Energieversorgungssystems ist zu beachten, daß innerhalb Deutschlands erhebliche regionale Unterschiede hinsichtlich

- der Verteilung von Lagerstätten fossiler Energieträger,
- der Transportinfrastrukturen für Energieträger, des Zugangs zu internationalen Energiemärkten und der resultierenden Bereitstellungskosten für Energieträger,
- des Dargebots regenerativer Energieträger,
- der vorhandenen Ausstattung mit Kraftwerken und der Verfügbarkeit von geeigneten Standorten,
- der Nachfragestrukturen nach Sekundär- bzw. Endenergieträgern,
- der energiepolitischen Zielsetzungen der einzelnen Bundesländer und
- der Unternehmenspolitik der jeweiligen Energieversorgungsunternehmen

bestehen.

---

[43] Vgl. beispielsweise DINKELBACH (Entscheidungsmodelle 1982) und SCHNEEWEIß (Planung 1991), S. 107 ff.

[44] Vgl. HANSSMANN (Entscheidungsmodelle 1978), S. 31 und ALTROGGE (Investition und Umwelt 1998), S. 285.

Der Entwurf zukünftiger Energieversorgungsstrukturen findet eben nicht auf der berühmten „Grünen Wiese“ statt, sondern muß die natürlich gegebenen bzw. gewachsenen Strukturen in einer Region als Ausgangspunkt einer Untersuchung der zukünftig möglichen Entwicklungspfade einbeziehen. Als ein Beispiel seien die Strukturen der Elektrizitätserzeugung angeführt, die beispielsweise in Nordrhein-Westfalen zu großen Teilen auf der Verstromung von Braun- und Steinkohle, in Nord- und Südwestdeutschland hingegen in weitaus stärkerem Maße auf der Nutzung der Kernenergie beruhen. Folglich haben die einzelnen Regionen auch in bezug auf die energiebedingten CO_2-Emissionen unterschiedliche Startbedingungen und Möglichkeiten zur zukünftigen Minderung dieser Emissionen sowie entsprechend unterschiedliche spezifische Minderungskosten[45].

Weiterhin erlaubt eine regional disaggregierte Betrachtungsweise die diskrete Abbildung ausgewählter Energieumwandlungsanlagen, die aufgrund ihrer Größe das betrachtete Energieversorgungssystem dominieren und deren detaillierte modellmäßige Abbildung zur Vermeidung unrealistischer Ergebnisse daher von besonderer Wichtigkeit ist[46]. Dies gilt insbesondere in bezug auf Kernkraftwerke, deren installierte Blockgrößen im Laufe der technischen Entwicklung von wenigen hundert Megawatt in den 1960er Jahren bis auf über 1.400 Megawatt zum Ende der 1980er Jahre angestiegen sind.

1.3. Vorgehensweise und Ziel der Untersuchung

Vor dem Hintergrund der aktuellen Entwicklungen in der Energiewirtschaft soll die vorliegende Arbeit die Entwicklungsmöglichkeiten des Energieversorgungssystems der Region Hamburg und Schleswig-Holstein bezogen auf das Planungsjahr 2010 untersuchen. Es handelt sich ausdrücklich nicht um eine einzelwirtschaftliche Planung auf der Ebene von Energieversorgungsunternehmen; somit wird auch keine regionale Abgrenzung hinsichtlich der bisherigen geschlossenen Versorgungsgebiete vorgenommen. Als weitere Konsequenz finden

---

45 Vgl. FAHL / SCHAUMANN (Energie und Klima 1996), S. 96 ff.

46 Vgl. LÜTH (Energieversorgung 1997), S. 3.

staatliche Eingriffe, die vorwiegend auf einzelwirtschaftlicher Ebene wirksam werden, grundsätzlich keine Berücksichtigung[47].

Das nachfolgend betrachtete Energieversorgungssystem umfaßt die gesamte Kette der Umwandlungen und des Transportes von Energieträgern im Untersuchungsgebiet: Von der Bereitstellung der Primärenergie, deren Umwandlung in Sekundär- bzw. Endenergieträger zur Versorgung der Verbraucher in den Sektoren Industrie, Privathaushalte sowie Gewerbe, Handel und Dienstleistungen (GHD)[48] bis zur abschließenden Umwandlung in Nutzenergie in den Anwendungsbereichen Hoch- und Niedertemperaturwärme, mechanische Energie, Beleuchtung sowie Information und Kommunikation. Der Verbrauchssektor Verkehr soll ebenso wie der nicht-energetische Verbrauch von Energieträgern aufgrund der strukturellen Unterschiede zu den vorgenannten Endverbrauchssektoren aus der Untersuchung ausgegrenzt werden. Gleiches gilt für die auf einzelwirtschaftlicher Ebene mit speziell angepaßten Instrumenten in der Mineralölindustrie geplante Verarbeitung von Mineralölprodukten.

In einem ersten Schritt werden die energiewirtschaftlichen und energiepolitischen Rahmenbedingungen der Untersuchungsregionen sowie die vorhandenen Strukturen des Primär-, End- und Nutzenergiebedarfs anhand entsprechender Kennzahlen beschrieben. Weiterhin werden der zeitliche Verlauf der Nachfrage nach den leitungsgebundenen Energieträgern Strom und Fernwärme, die resultierende Aufteilung auf Lastbereiche und die notwendige Reservehaltung dargestellt.

Sodann werden für alle Stufen der Umwandlungskette die vorhandene technologische Ausstattung des Energieversorgungssystems sowie ausgewählte zukünftige Handlungsoptionen herausgearbeitet und hinsichtlich technischer und wirtschaftlicher Aspekte vorgestellt. Hierbei wird angebotsseitig nach Umwand-

[47] Dies betrifft beispielsweise alle Arten von direkten oder indirekten Subventionen in Form von Investitionszulagen, sogenannten Abschreibungsvergünstigungen, Einspeisevergütungen, gestaffelten Mineralölsteuersätzen, Stromsteuervergünstigungen und dergleichen mehr.

[48] Der Verbrauchssektor GHD fungiert als Sammelbecken für alle Endverbraucher, die sich unter keinen anderen Sektor subsumieren lassen und ist früher als „Kleinverbrauch“ referiert worden, obwohl es sich keineswegs um kleine Energiemengen handelt, wie der Begriff insinuieren wollte.

lungsanlagen zur Elektrizitäts- bzw. Wärmeerzeugung im Kraftwerksverbund sowie Umwandlungsanlagen, die einer Planung durch den jeweiligen Netzbetreiber nicht zugänglich sind, unterschieden. Darüber hinaus werden sogenannte nachfrageseitige Handlungsmöglichkeiten im Rahmen der Umwandlung von End- in Nutzenergie beim Endverbraucher untersucht.

Zur quantitativen Untersuchung des Energieversorgungssystems wird ein fragestellungsbezogenes Planungsmodell formuliert, welches hinsichtlich eines geeigneten operationalen Zielsystems die optimale Auswahl der zuvor festgelegten Handlungsalternativen ermöglicht. Die explizite Berücksichtigung unterschiedlicher zukünftiger Rahmenbedingungen der Energieversorgung wird mit Hilfe von Parameter-Szenarien bewerkstelligt, die in bezug auf besonders kritische exogene Parameter variieren. Hierbei handelt es sich insbesondere um die zukünftige Entwicklung der Energieträgerpreise.

Der nächste Schritt besteht in der Aufstellung von Strategie-Szenarien, die mittels des Planungsmodells hinsichtlich der Konsequenzen ihrer Umsetzung untersucht werden sollen. Die Entwicklung der Szenarien beinhaltet ein Referenz-Szenario als Maßstab zur Einordnung der eigentlichen Strategie-Szenarien, welche die aktuelle öffentliche und energiepolitische Diskussion reflektieren und daher detailliert einen Ausstieg aus der Kernenergienutzung sowie die Verringerung der CO_2-Emissionen behandeln. Als Ergebnis werden verschiedene, jeweils konsistente Entwicklungspfade des betrachteten Energieversorgungssystems vorgestellt, die sich aus der Umsetzung des Referenz- bzw. der Strategie-Szenarien ergeben. Die damit mögliche quantitative Bewertung und Gegenüberstellung der Konsequenzen der einzelnen Strategien für das Energieversorgungssystem der Untersuchungsregion Hamburg und Schleswig-Holstein soll als ein Beitrag zur Versachlichung der aktuellen und zukünftigen energiepolitischen Diskussion verstanden werden und zur Unterstützung energiewirtschaftlicher Entscheidungen dienen.

2. Energieversorgung in Hamburg und Schleswig-Holstein

2.1. Energiewirtschaftliche und energiepolitische Rahmenbedingungen

Das Energieversorgungssystem der Untersuchungsregion Schleswig-Holstein und Hamburg wird im Bereich der leitungsgebundenen Energieversorgung mit Elektrizität, Fernwärme und Gas auch unter Berücksichtigung der neueren Entwicklungen noch immer von den bis zum Ende der 1990er Jahre in geschützten Konzessionsgebieten operierenden, etablierten Energieversorgungsunternehmen beherrscht.

Im Bereich der Elektrizitäts- und Fernwärmeversorgung stehen den Hamburgischen Electricitäts-Werken (HEW) in Schleswig-Holstein die seit der VEBA-VIAG-Fusion im Juni 2000 in die E.ON Energie AG aufgegangene Preussen-Elektra mit der Schleswag[49] als Regionalversorger sowie einige größere Stadtwerke in Kiel, Flensburg, Lübeck, Neumünster und Schleswig gegenüber. Die HEW und E.ON Energie sind über gemeinsam genutzte Kernkraftwerke in Stade, Brunsbüttel, Krümmel und Brokdorf eng miteinander verbunden[50]. Weiterhin betreiben die HEW in Schleswig-Holstein einige konventionelle Kraftwerke und Infrastruktureinrichtungen, so daß festgehalten werden kann, daß die Stromversorgung Hamburgs in hohem Maße von Installationen auf schleswig-holsteinischem Gebiet abhängt. In der Gasversorgung sind die Hamburger Gaswerke zusammen mit der Schleswag auch in Schleswig-Holstein als größte Regionalversorger zu nennen, die neben der direkten Versorgung von Endverbrauchern auch zahlreiche Weiterverteiler beliefern[51].

Auf der energiepolitischen Ebene treiben die Landesregierungen in Hamburg und Schleswig-Holstein den Kernenergieausstieg seit längerer Zeit als vorrangi-

---

[49] Laut PREUSSENELEKTRA (Geschäftsbericht 1998) hält die Gesellschaft 65,3% der Schleswag-Anteile, die restlichen Anteile halten die 11 Landkreise des Landes Schleswig-Holstein.

[50] Das Kernkraftwerk Stade nimmt insoweit eine Sonderrolle ein, da es zwar außerhalb des eigentlichen Untersuchungsgebietes am niedersächsischen Elbufer liegt, jedoch in Höhe des HEW-Anteils nicht unwesentlich zur Stromversorgung der Untersuchungsregion beiträgt.

[51] Vgl. SCHLESWIG-HOLSTEIN (Energiebericht 1995), S. 85.

ges Ziel voran. So enthält die Satzung der HEW seit 1992 auf Betreiben der Freien und Hansestadt Hamburg als damaligem Mehrheitseigner einen Passus, der sie verpflichtet, auf die Nutzung der Kernenergie „so zügig, wie dies rechtlich möglich und [...] wirtschaftlich vertretbar ist, zu verzichten“[52]. In mehreren Studien wurde seither je nach Auftraggeber versucht, die Wirtschaftlichkeit eines Kernenergieausstiegs der HEW entweder nachzuweisen oder zu widerlegen[53]. Die schleswig-holsteinische Energiepolitik beruht seit Anfang der 1990er Jahre auf den Arbeiten der Enquete-Kommission „Zukünftige Energieversorgung in Schleswig-Holstein“ des Schleswig-Holsteinischen Landtages und dem daraus abgeleiteten Energiekonzept[54]. Seither hat die schleswig-holsteinische Landesregierung in zahlreichen Publikationen als ihre primäre energiepolitische Zielsetzung den Kernenergieausstieg benannt, jedoch auch immer wieder auf die relative Machtlosigkeit einer Landesregierung in atom- und energierechtlicher Hinsicht verwiesen.[55] Die energiepolitischen Zielsetzungen des aktuellen Hamburger Senats sind in der Koalitionsvereinbarung von 1997 festgelegt und nennen neben dem Kernenergieausstieg als weitere Ziele die Einsparung von Energie, den rationellen Umgang mit Energie, die vorrangige Nutzung regenerativer Energien und die „Gewährleistung der Versorgungssicherheit zu wettbewerbsfähigen Preisen“[56].

Die Energieversorgungssysteme in Hamburg und Schleswig-Holstein sind trotz der vielfältigen Verknüpfungen durch die jeweiligen siedlungs-, wirtschaftsstrukturellen und topographischen Gegebenheiten unterschiedlich geprägt. Die Wirtschaftlichkeit der Versorgung mit leitungsgebundenen Energieträgern, insbesondere mit Fernwärme, wird durch das Vorhandensein einer genügend hohen Anschlußdichte, definiert als Energiebedarf pro Flächeneinheit, determiniert. In dieser Hinsicht kann der Stadtstaat Hamburg in seiner Gesamtheit als ver-

---

52 Vgl. DIW (Ausstieg 1997), S. 1.

53 Den Nachweis eines wirtschaftlichen Ausstiegs wollen GAL (Atomausstieg 1997) und UMWELTBEHÖRDE (Gutachten 1999) führen; das Gegenteil behauptet die auszugsweise in DIW (Ausstieg 1997) veröffentlichte Studie, die von den HEW in Auftrag gegeben wurde.

54 Vgl. SCHLESWIG-HOLSTEIN (Energieversorgung 1993).

55 Vgl. SCHLESWIG-HOLSTEIN (Atomkraft 1999) und SCHLESWIG-HOLSTEIN (Energiebericht 1999), S. 3.

56 Vgl. HAMBURG (Koalitionsvereinbarung 1997), Abschnitt 9.3 Energie.

gleichsweise hoch verdichtet, das Flächenland Schleswig-Holstein dagegen als vorwiegend ländlich geprägte Region mit einzelnen räumlichen Nachfrageschwerpunkten gekennzeichnet werden. Trotzdem gehört der Ausbau der Fern- und Nahwärmenutzung zu den energiepolitischen Zielen der schleswig-holsteinischen Landesregierung. Bezüglich der Nutzung regenerativer Energien hat die Freie und Hansestadt Hamburg das allgemein formulierte Ziel einer verstärkten Nutzung nicht weiter konkretisiert, wohingegen das Energiekonzept des Landes Schleswig-Holstein vorsieht, bis zum Jahre 2010 mindestens 25% des gesamten Strombedarfs in Windenergieanlagen zu erzeugen.

2.2. Strukturen und Kennzahlen der Energieversorgung

2.2.1. Primärenergieverbrauch und energiebedingte CO_2-Emissionen

Der Primärenergieverbrauch umfaßt das gesamte Energieaufkommen einer Region[57], wobei die inländische Förderung von Primärenergieträgern sowie Im- und Exporte von Primär- und Sekundärenergieträgern berücksichtigt werden[58]. Bei der statistischen Erfassung des im- bzw. exportierten elektrischen Stroms wurde bis 1995 nach der Substitutionsmethode ein Primärenergieaufwand zugerechnet, der den durchschnittlichen Wirkungsgrad des deutschen Kraftwerkparks unterstellte. Seit 1995 wird die sogenannte Wirkungsgradmethode angewendet, die den Stromaußenhandel mit einem fiktiven Wirkungsgrad von 100% bewertet. Insbesondere bei Zeitreihenvergleichen sind die verwendeten Bewertungsmethoden zu beachten: Im Falle der in Tabelle 2-1 dargelegten hamburgischen Primärenergiebilanz hat allein die Umstellung der Bewertungsmethode im Vergleich der Jahre 1993 und 1997 zu einem nominellen Rückgang des Primärenergieverbrauchs von rund 20% geführt.

---

[57] Aus Gründen der Vollständigkeit und Vergleichbarkeit werden daher in diesem Abschnitt auch die dem Verkehrssektor zurechenbaren Energiebedarfe berücksichtigt.

[58] Eine umfassende Definition zur Einteilung der Energiearten in Primär-, Sekundär-, End- und Nutzenergie gibt GÄLWEILER (Energiekosten 1981), Sp. 464.

	Primärenergieverbrauch Hamburg 1997		
Energieträger	**[TJ]**	**[GWh]**	**Anteil**
Mineralöl	129.327	35.924	49,9%
Erdgas	71.800	19.944	27,7%
Stromsaldo	38.185	10.607	14,8%
Kohle	15.716	4.366	6,1%
Reststoffe	3.287	913	1,3%
Klär- und Biogas	626	174	0,2%
Summe	**258.941**	**71.928**	**100,0%**

Tabelle 2-1: Primärenergieverbrauch in Hamburg 1997; Quelle: HAMBURG (Energiebilanz 1997) und eigene Berechnungen

Während die Windenergie in der hamburgischen Primärenergiebilanz keine Erwähnung findet, wird der Beitrag der Windkraft zum schleswig-holsteinischen Primärenergieverbrauch im Jahr 1997 mit 0,6% ausgewiesen. Die Tabelle 2-2 zu entnehmende Energiemenge wird aus dem in Windkraftanlagen erzeugten Strom berechnet und nach den Konventionen des Wirkungsgradansatzes mit einem fiktiven Wirkungsgrad von 100% im Energieaufkommen berücksichtigt.

	Primärenergieverbrauch Schleswig-Holstein 1997		
Energieträger	**[TJ]**	**[GWh]**	**Anteil**
Mineralöl	236.250	65.616	35,2%
Erdgas	79.830	22.172	11,9%
Kernbrennstoffe	292.820	81.328	43,7%
Windkraft	4.310	1.197	0,6%
Sonstige[59]	57.560	15.987	8,6%
Zwischensumme	**670.770**	**186.300**	**100,0%**
Stromsaldo	**-61.690**	**-17.136**	–
Summe	**609.080**	**169.189**	–

Tabelle 2-2: Primärenergieverbrauch in Schleswig-Holstein 1997; Quelle: SCHLESWIG-HOLSTEIN (Energiebericht 1999) und eigene Berechnungen

[59] Dies sind Stein- und Braunkohle, Klärgas, Deponiegas, Müll und Biomasse.

Aus den Strukturen des Primärenergieverbrauchs begründen sich auch die bereits angesprochenen Unterschiede in der Ausgangssituation einzelner Regionen in bezug auf die Verminderung energiebedingter CO_2-Emissionen.

	Energiebedingte CO_2-Emissionen	
Region	**[Mio. t p.a.]**	**[t p.c.]**
Deutschland	868,0	10,6
Schleswig-Holstein	26,9	9,8
Hamburg	14,6	8,6

Tabelle 2-3: Energiebedingte CO_2-Emissionen; Quelle: SCHLESWIG-HOLSTEIN (Energiebericht 1999), UMWELTBEHÖRDE (Umweltatlas 1999), BMWI (Energiedaten 1999) und eigene Berechnungen

Wie aus Tabelle 2-3 ersichtlich wird, verzeichnen Hamburg und Schleswig-Holstein durch den bedeutenden Anteil der zumindest im Kraftwerksbetrieb CO_2-emissionsfreien Stromerzeugung aus Kernenergie und dem entsprechend geringen Einsatz von Stein- und Braunkohle bereits vergleichsweise niedrige CO_2-Emissionen pro Einwohner.

2.2.2. Umwandlungsbereich

Der Energiesektor in der Untersuchungsregion ist durch die Stromerzeugung und die Mineralölverarbeitung geprägt. Während die Mineralölverarbeitung aus den oben genannten Gründen nicht Gegenstand dieser Untersuchung ist, soll die Elektrizitätserzeugung an dieser Stelle in einem ersten Überblick dargestellt werden. Als charakteristisches Kriterium für die Struktur der Elektrizitätserzeugung werden Art und Menge der eingesetzten Energieträger verwendet. Zum Verständnis sei angemerkt, daß die in Tabelle 2-4 aufgeführten Daten für Schleswig-Holstein sich auf die Stromerzeugung in diesem Bundesland beziehen, während die Daten für Hamburg die Stromerzeugung der HEW unabhängig vom Kraftwerksstandort wiedergeben. Daher beinhalten die Werte für Schleswig-Holstein die nach Hamburg gelieferten Strommengen und entsprechend sind in den Daten für Hamburg unter anderem die aus Schleswig-Holstein importierten Strommengen enthalten.

	Elektrizitätsaufkommen nach Energieträgern 1995					
	Deutschland		**Schleswig-Holstein**		**Hamburg (HEW)**	
Energieträger	**[GWh]**	**Anteil**	**[GWh]**	**Anteil**	**[GWh]**	**Anteil**
Kernenergie	466.881	34,8%	23.197	81,5%	9.969	73,3%
Kohle	739.066	55,1%	3.950	13,9%	2.230	16,4%
Sonstige	134.426	10,0%	1.309	4,6%	1.400	10,3%
Summe	**1.340.373**	**100,0%**	**28.456**	**100,0%**	**13.599**	**100,0%**

Tabelle 2-4: *Elektrizitätsaufkommen nach eingesetzten Energieträgern 1995; Quelle: SCHLESWIG-HOLSTEIN (Energiebericht 1999), UMWELTBEHÖRDE (Umweltatlas 1999), RWE (Energieflußbild 1995) und eigene Berechnungen*

Die Anteile der zur Stromerzeugung eingesetzten Energieträger in Tabelle 2-4 belegen die bereits im Primärenergieverbrauch erkennbare Bedeutungslosigkeit der im Bundesdurchschnitt die Elektrizitätserzeugung dominierenden Stein- bzw. Braunkohle. Als eine weitere Eigenheit der Untersuchungsregion ist der starke Zubau von Windkraftanlagen in Schleswig-Holstein mit einer installierten Leistung von mittlerweile etwa 750 MW zu erwähnen, der zu einem Anteil der Windenergie an der Bruttostromerzeugung in Schleswig-Holstein von mittlerweile 6,1 % im Jahre 1998 führte[60]. Alle weiteren, hier unter der Rubrik „Sonstige" subsumierten Energieträger haben eine geringe Relevanz für die Elektrizitätserzeugung in Hamburg und Schleswig-Holstein. Dies betrifft insbesondere Erdgas und Mineralölprodukte, die ausschließlich in Spitzenlastkraftwerken zur kurzfristigen Abdeckung von Bedarfsspitzen eingesetzt werden. Beachtenswert ist, daß durch längere Stillstände eines oder mehrerer Kernkraftwerke die Erzeugungsstrukturen mehrerer Jahre deutlich voneinander abweichen können[61]. Insgesamt kann die in Tabelle 2-4 und Abbildung 2-1 wiedergegebene Situation jedoch als typisch für die seit Mitte der 1980er Jahre vorzufindenden Strukturen der Elektrizitätsversorgung in Hamburg und Schleswig-Holstein bezeichnet werden.

---

60 SCHLESWIG-HOLSTEIN (Energiebericht 1999), S. 15 und 19 ff.

61 So betrug die Elektrizitätserzeugung in den schleswig-holsteinischen Kernkraftwerken beispielsweise im Jahr 1994 nur etwa 57% des langjährigen Durchschnittswertes (SCHLESWIG-HOLSTEIN (Energiebericht 1999), S. A-7).

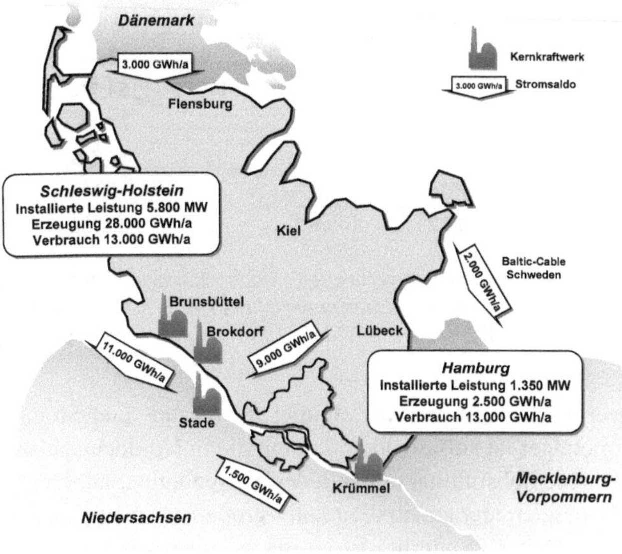

Abbildung 2-1: Elektrizitätsversorgung der Untersuchungsregion

2.2.3. Endenergieverbrauch und Nutzenergiebedarf

Der eigentliche Zweck jedes Energieversorgungssystems ist die Befriedigung der Nachfrage der Verbraucher nach Nutzenergie zur Bereitstellung der letztendlich gewünschten Energiedienstleistung. Die Mengenanteile der hierfür verwendeten Endenergieträger in Schleswig-Holstein, Hamburg sowie im gesamten Bundesgebiet sind für die Jahre 1997 bzw. 1995 in Tabelle 2-5 dargelegt, wobei aus Gründen der Vollständigkeit und Vergleichbarkeit der im weiteren nicht explizit betrachtete Verkehrssektor hier, ebenso wie weiter unten in Tabelle 2-6, noch enthalten ist.

	Endenergieverbrauch nach Energieträgern					
	Deutschland 1995		Schleswig-Holstein 1997		Hamburg 1997	
Endenergieträger	**[PJ]**	**Anteil**	**[PJ]**	**Anteil**	**[PJ]**	**Anteil**
Kohle & Sonstige	743	8,0%	8	2,5%	<1	<1,0%
Mineralöl	4.402	47,2%	173	54,7%	88	42,3%
Gas	2.163	23,2%	72	22,9%	61	29,3%
Strom	1.648	17,7%	47	14,8%	44	21,2%
Fernwärme	366	3,9%	16	5,1%	15	7,2%
Summe	**9.322**	**100,0%**	**316**	**100,0%**	**208**	**100,0%**

Tabelle 2-5: Endenergieverbrauch nach Energieträgern; Quelle: SCHLESWIG-HOLSTEIN (Energiebericht 1999), HAMBURG (Energiebilanz 1997), RWE (Energieflußbild 1995) und eigene Berechnungen

Der vergleichsweise geringe Beitrag der Braun- und Steinkohle auch als Endenergieträger ist auffallend und durch die in Norddeutschland bereits weit fortgeschrittene Substitution durch in der Anwendung „sauberere“ und komfortablere Endenergieträger sowie die relativ große Entfernung zu inländischen Förderstätten erklärbar. Weiterhin ist ein recht hoher Mineralölanteil am Endenergieverbrauch in Schleswig-Holstein bemerkenswert, während in Hamburg ein relativ hoher Stromanteil zu erwähnen ist, auf den später noch zurückzukommen sein wird. Der Anteil der Fernwärme am Endenergieverbrauch ist in Hamburg und auch im Flächenland Schleswig-Holstein höher als im Bundesdurchschnitt, wobei die in der Vergangenheit festgelegten energiepolitischen Zuwachsziele beider Landesregierungen jedoch nicht erreicht wurden. Hier dürfte die in Hamburg und in Schleswig-Holstein bereits flächendeckend verfügbare Versorgung mit Erdgas auch in Zukunft einen wirtschaftlich vertretbaren Zubau der Fernwärmeversorgung erschweren[62].

Die Aufteilung des Endenergiebedarfes auf die Verbrauchssektoren Industrie, Private Haushalte mit Gewerbe, Handel und Dienstleistungen sowie Verkehr in

[62] In bezug auf die Fernwärmeversorgung in Schleswig-Holstein verdienen die Städte Flensburg mit einer Anschlußquote von 90% aller Haushalte sowie Kiel und Neumünster mit einer Anschlußquote von jeweils 47% besondere Erwähnung (SCHLESWIG-HOLSTEIN (Energiebericht 1999), S. 17).

Tabelle 2-6 zeigt den im bundesdeutschen Vergleich deutlich geringeren Endenergiebedarfsanteil der Industrie, der in Schleswig-Holstein und Hamburg durch einen entsprechend höheren Anteil des Sektors Private Haushalte und GHD ausgeglichen wird.

	Endenergieverbrauch nach Verbrauchssektoren					
	Deutschland 1995		**Schleswig-Holstein 1997**		**Hamburg 1997**	
Sektor	**[PJ]**	**Anteil**	**[PJ]**	**Anteil**	**[PJ]**	**Anteil**
Industrie	2.474	26,5%	63	19,9%	39	18,8%
Haushalte & GHD	4.234	45,4%	170	54,0%	109	52,4%
Verkehr	2.614	28,0%	82	26,1%	60	28,8%
Summe	**9.322**	**100,0%**	**316**	**100,0%**	**208**	**100,0%**

Tabelle 2-6: *Endenergieverbrauch nach Verbrauchssektoren; Quelle: SCHLESWIG-HOLSTEIN (Energiebericht 1999), HAMBURG (Energiebilanz 1997), RWE (Energieflußbild 1995) und eigene Berechnungen*

Die Energieströme von der End- bis zur Nutzenergie innerhalb der im Rahmen dieser Arbeit untersuchten Verbrauchssektoren Private Haushalte, GHD sowie Industrie sind nachfolgend in Abbildung 2-2 für Schleswig-Holstein und in Abbildung 2-4 für Hamburg in Form von Energieflußbildern dargestellt. Die Daten beruhen auf den in den Abbildungsunterschriften referierten Endenergiebilanzen der Bundesländer Hamburg und Schleswig-Holstein, die leider keine statistische Differenzierung der in beiden Ländern bedeutendsten Verbrauchergruppe Privathaushalte und GHD zulassen. Um eine Aufteilung der Endenergieverbräuche auf die zugrundeliegenden Nutzenergiebedarfe in den verschiedenen Anwendungsbereichen zu erhalten, mußten die Anteile unter Zuhilfenahme der in der Abbildungsunterschrift jeweils angegebenen Datenquellen geschätzt werden. Die Umwandlung von End- in Nutzenergie beim Verbraucher wurde sodann mit durchschnittlichen Nutzungsgraden bewertet, die dem Energieflußbild der Bundesrepublik Deutschland entnommen wurden[63]. Die Energieträger Stein-

[63] Vgl. RWE (Energieflußbild 1995).

und Braunkohle wurden aufgrund der geringen Anteile am Endenergieverbrauch der Untersuchungsregion in ihrer Funktion als Endenergieträger vernachlässigt.

In Abweichung zur üblichen Gliederung des Nutzwärmebedarfs in die Anwendungsbereiche Prozeß- und Raumwärme wurde eine Aufteilung nach Temperaturniveaus in Niedertemperaturwärme (Raumwärme und Warmwasser) sowie Hochtemperaturwärme (Prozeßwärme) gewählt[64]. Als weitere Anwendungsbereiche wurden Mechanische Energie, Beleuchtung sowie Information und Kommunikation (IuK) unterschieden.

[64] READWIN begründet dies mit der Gleichartigkeit der Versorgungsoptionen zur Bereitstellung von Nieder- bzw. Hochtemperaturwärme (READWIN (Planungsmodell 1985), S. 27 f.).

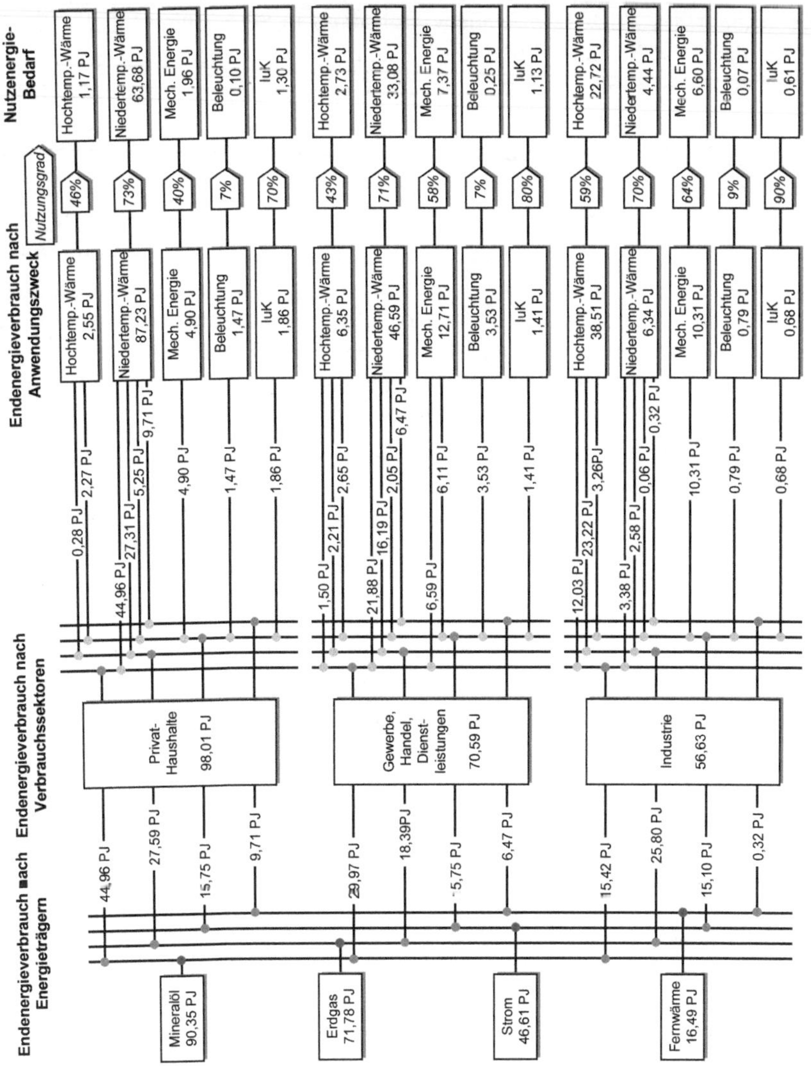

Abbildung 2-2: End- und Nutzenergiebedarf in Schleswig-Holstein 1997; Quelle: SCHLESWIG-HOLSTEIN (Energiebericht 1999), SCHLESWIG-HOLSTEIN (Energieversorgung 1993), RWE (Energieflußbild 1995) und eigene Berechnungen

Die Struktur des Nutz- bzw. Endenergiebedarfs in Schleswig-Holstein identifiziert in der vorstehenden Abbildung 2-2 den Nutzwärmebedarf mit einem Anteil von 87% am gesamten Nutzenergiebedarf bzw. 84% am entsprechenden Endenergieträgerverbrauch als den mengenmäßig weitaus bedeutendsten Verwendungszweck. Hingegen sind die Anwendungen Beleuchtung sowie Information und Kommunikation relativ unbedeutend, obwohl die gemeinhin empfohlenen Energiesparmaßnahmen sich weitgehend auf diese Anwendungsbereiche fokussieren. Sicherlich sind beispielsweise die äußerst geringen durchschnittlichen Nutzungsgrade von Glühlampen in der Beleuchtungstechnik oder der Energieverbrauch von Stand-by-Schaltungen naheliegende Ansatzpunkte für Energieeinsparungen. Die Einbeziehung der gesamtem Energieumwandlungskette zur Erzeugung und Bereitstellung des benötigten elektrischen Stromes verstärkt die Sinnfälligkeit der Argumentation noch zusätzlich. Verglichen mit dem Endenergieverbrauch sowie der Größenordnung der entsprechenden Einsparpotentiale in den Anwendungsbereichen Prozeß- und Raumwärme handelt es sich hier jedoch nachgerade um die berühmten „Peanuts", wie Abbildung 2-3 anhand der dort gezeigten Struktur des Endenergieträgerverbrauchs im gesamten Untersuchungsgebiet verdeutlicht.

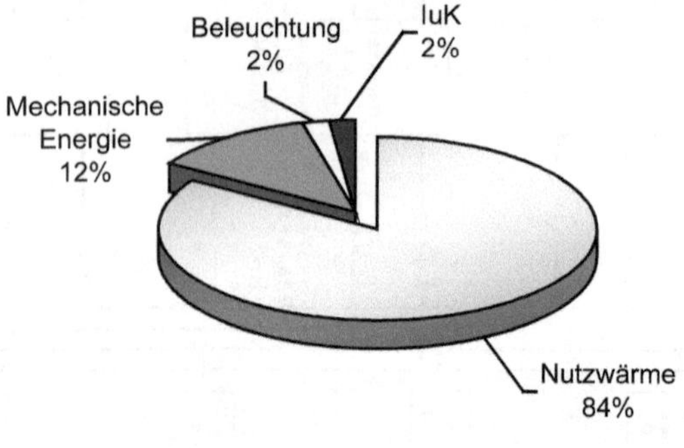

Abbildung 2-3: Endenergieträgerverbrauch im Untersuchungsgebiet 1997; Quelle: HAMBURG (Energiebilanz 1997), SCHLESWIG-HOLSTEIN (Energiebericht 1999) und eigene Berechnungen

Die nachstehende Abbildung 2-4 zeigt, daß die Strukturen des Nutzenergiebedarfs in Hamburg denen in Schleswig-Holstein sehr ähnlich sind, wobei jedoch die Anteile der zur Bedarfsdeckung herangezogenen Endenergieträger, wie bereits in Tabelle 2-5 dargestellt, deutlich voneinander abweichen. Hier fällt insbesondere ein vergleichsweise hoher Stromanteil am hamburgischen Endenergieverbrauch auf, der auf einen massiven Ausbau elektrischer Direkt- und Nachtspeicher-Heizungen sowie auf Industrieansiedlungen in den 1970er Jahren zurückzuführen ist. So wird die Nachfrage nach Elektrizität in Hamburg in großem Maße von der energieintensiven Aluminium-, Stahl- und Kupferproduktion bestimmt: Auf die Metallverhüttung entfällt etwa 30% der jährlich von den HEW in Hamburg abgegebenen Elektrizitätsmenge[65]. Weiterhin hat der Zubau von Nachtspeicher-Heizungen dazu geführt, daß, über das vordergründig beabsichtigte „Auffüllen der Nachttäler" der Elektrizitätsnachfrage hinaus, sich die Stromnachfrage derart ausgeweitet hat, daß ein Ausbau der lokalen Stromverteilungsnetze in einigen Quartieren notwendig wurde und sich die Stunde der Winterspitzenlast bemerkenswerter Weise vom Tag in die Nacht verlagerte[66]. Mittlerweile wurde der Neuanschluß fest installierter elektrischer Direkt- und Nachtspeicherheizungen vom Hamburger Senat per Gesetz als grundsätzlich unzulässig erklärt[67].

---

[65] Vgl. HAMBURGER ABENDBLATT (Großkunde Industrie 1998).

[66] HARMSEN / KOHLER / MÜSCHEN bemerken hierzu, daß beispielsweise in der Woche der Jahreshöchstlast des Jahres 1982 die Nachtspitze um bis zu 200 MW über der Tageshöchstlast gelegen habe (HARMSEN / KOHLER / MÜSCHEN (Bessere Luft 1985), S. 19ff.).

[67] Vgl. HAMBURG (Klimaschutzgesetz 1997), § 3.

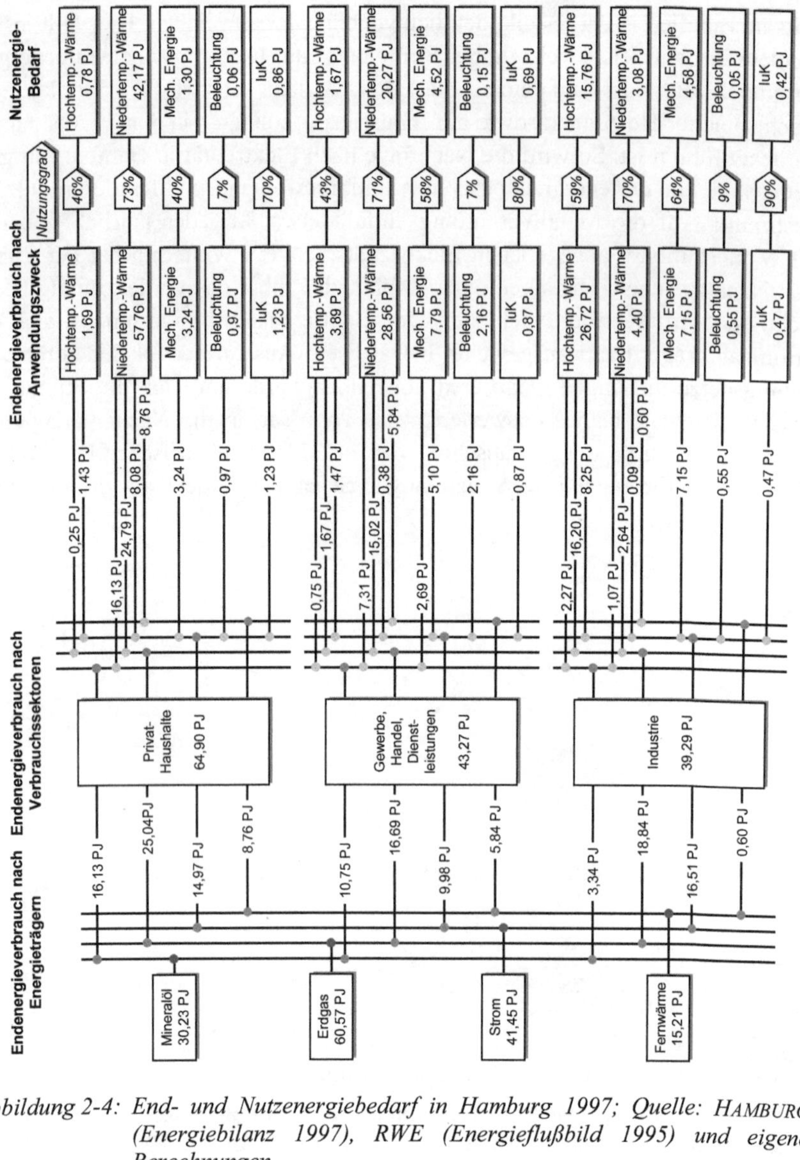

Abbildung 2-4: End- und Nutzenergiebedarf in Hamburg 1997; Quelle: HAMBURG (Energiebilanz 1997), RWE (Energieflußbild 1995) und eigene Berechnungen

2.2.4. Zeitlicher Verlauf des Elektrizitäts- und Fernwärmebedarfs

Die Nachfrage der Verbraucher nach elektrischem Strom und Fernwärme unterliegt charakteristischen Schwankungen im Tages-, Wochen- und Jahresverlauf, wobei durch die Nichtspeicherbarkeit beider Endenergieträger in relevanten Größenordnungen die Kenntnis der jeweiligen Belastungsverläufe zur Bereitstellung von jederzeit ausreichenden und technisch bzw. wirtschaftlich optimal dimensionierten Netz- und Anlagenkapazitäten notwendig ist.

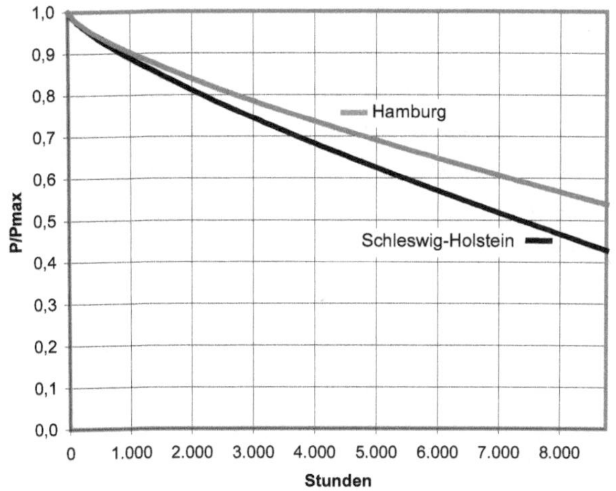

Abbildung 2-5: Jahresdauerlinien der inländischen Elektrizitätsnachfrage in Schleswig-Holstein und Hamburg für das Jahr 1997; Quelle: HEW (Geschäftsbericht 1997), SCHLESWIG-HOLSTEIN (Energiebericht 1995), SCHLESWIG-HOLSTEIN (Energiebericht 1999), MÜLLER (Elektrizitätswirtschaft 1998), S. 92. ff., HEUCK (Energieversorgung 1999), S. 547 sowie VIK (Statistik 1997/98), S. 116

Die Darstellung des zeitlichen Bedarfsverlaufes erfolgt durch Belastungskurven (Ganglinien) und daraus abgeleiteten, geordneten Dauerlinien als Belastungs- bzw. Erzeugungsdauerlinien für verschiedene Perioden. Der für eine langfristige Planung relevante jährliche Belastungsverlauf im Untersuchungsgebiet ist in Form von Jahresdauerlinien in Abbildung 2-5 dargestellt: Die Abszisse zeigt die Dauer des jeweiligen Lastfalles in Stunden eines Jahres, während auf der Ordinate der zugehörige Lastanteil P an der Maximallast P_{max} abgetragen ist. Die für Schleswig-Holstein und Hamburg ermittelten Jahresdauerlinien zeigen einen vergleichsweise ausgeglichenen Belastungsverlauf mit einem entsprechend hohen Lastverhältnis[68] von 0,43 bzw. 0,54 sowie einer ebenso hohen jährlichen Benutzungsdauer der Höchstlast von 5.900 bzw. 6.400 h/a. Die zur Ermittlung der Jahresdauerlinie verwendeten Daten und die daraus abgeleitete Aufteilung des Elektrizitätsbedarfes auf Lastbereiche sind Tabelle 2-7 zu entnehmen. Wie nach dem ausgeglichenen Belastungsverlauf zu erwarten, ist für beide Regionen ein hoher Grundlastanteil an der gesamten nachgefragten Elektrizitätsmenge mit einem entsprechend hohen Anteil an der benötigten Kraftwerksleistung festzustellen.

		Elektrizitätsbedarf nach Lastbereichen							
		Schleswig-Holstein				**Hamburg**			
	Dauer	**Leistungsbedarf**		**Arbeit**		**Leistungsbedarf**		**Arbeit**	
Last bereich	**[h]**	**[MW]**	**Anteil**	**[GWh]**	**Anteil**	**[MW]**	**Anteil**	**[GWh]**	**Anteil**
Grund-last	8.300	1.265	60%	10.454	84%	1.303	67%	10.967	88%
Mittel-last	3.500	532	25%	1.862	15%	390	20%	1.364	11%
Spitzen-last	560	323	15%	187	1%	256	13%	137	1%
Summe		**2.120**	**100%**	**12.503**	**100%**	**1.949**	**100%**	**12.468**	**100%**

Tabelle 2-7: Elektrizitätsbedarf nach Lastbereichen, Quelle: HEW (Geschäftsbericht 1997), SCHLESWIG-HOLSTEIN (Energiebericht 1999), MÜLLER (Elektrizitätswirtschaft 1998), S. 92. ff., HEUCK (Energieversorgung 1999), S. 547 sowie VIK (Statistik 1997/98), S. 116.

Über den derart ermittelten Kapazitätsbedarf hinaus erfordert eine sichere Elektrizitätsversorgung die Bereitstellung einer ausreichenden Kraftwerksreserve zum Ausgleich geplanter und ungeplanter Stillstände von Kraftwerkseinheiten

[68] Das Lastverhältnis bezeichnet den Anteil der Mindestlast an der Höchstlast und dient als eine Kennziffer für die Gleichmäßigkeit des Lastganges.

sowie als „witterungs- und konjunkturbedingte Zuwachsreserve"[69]. Neben der technischen Entwicklung zu steigenden Blockgrößen begünstigten die im regulierten Elektrizitätsmarkt herrschenden Bedingungen und politischen Vorgaben unter dem vorrangig verfolgten Ziel der Versorgungssicherheit eine umfangreiche Reservebereitstellung. In einer überschlägigen Betrachtung beträgt die gesamte installierte Kraftwerkskapazität in Schleswig-Holstein und Hamburg nach Abzug der diesbezüglich vernachlässigbaren Windkraftanlagen etwa 6.300 MW bei einer Jahreshöchstlast von gut 4.000 MW. Rein rechnerisch ergibt sich somit ein Reservefaktor von knapp 60%. Allerdings ist zu beachten, daß zum einen der Lastanteil der dem Untersuchungsgebiet nicht ursächlich zurechenbaren schleswig-holsteinischen Stromexporte vernachlässigt wurde und zum anderen der Kraftwerkspark praktisch nie uneingeschränkt zur Verfügung steht, wobei die beiden großen Kernkraftwerke in Krümmel und Brokdorf bereits einen Anteil von jeweils etwa 20% an der gesamten installierten Kraftwerkskapazität haben. Gleichwohl zeigen die jüngsten Entwicklungen auf den Elektrizitätsmärkten, daß auch die Aufwendungen für die Reservehaltung zukünftig nicht wie bisher über die (Tarif-) Preise an die Kunden übergewälzt werden können. Obwohl die Netzbetreiber, in diesem Falle HEW und E.ON Energie, auch weiterhin die Bereitstellung einer ausreichenden Leistungsreserve mit eigenen Erzeugungseinheiten verantworten[70], ist daher eine deutliche Reduzierung der Reservekapazitäten zu erwarten. Für die Planungsrechnungen wird für alle Lastbereiche ein Reservefaktor in Höhe von jeweils 15% als Aufschlag auf den ermittelten Leistungsbedarf angesetzt.

Der zeitliche Verlauf des Fernwärmebedarfs ist im Vergleich zur Elektrizitätsnachfrage im Jahresverlauf wesentlich unausgeglichener, da naturgemäß im Sommer nur eine geringe Mindestlast in der Brauchwassererwärmung zu decken ist. In Abbildung 2-6 ist die Jahresdauerlinie des Fernwärmebedarfs in Hamburg als Mittelwert der Lastverläufe der Jahre 1993 bis 1997 dargestellt: Das Lastverhältnis liegt bei nur etwa 5% und die Benutzungsdauer der Höchstlast bei rund 1.150 bis 1.350 h/a. Eine Unterteilung der Fernwärmenachfrage in Lastbereiche soll nicht erfolgen, da für eine Berücksichtigung in den Planungsrechnungen aufgrund von Anlagen, die in Kraft-Wärme-Kopplung sowohl

---

[69] Vgl. VDEW (Strommarkt 1997), S. 45.

[70] Vgl. DVG (Jahresbericht 1997), S. 25.

Strom als auch Fernwärme bereitstellen, alle möglichen Kombinationen der Lastfälle für Strom und Fernwärme zu berücksichtigen wären[71].

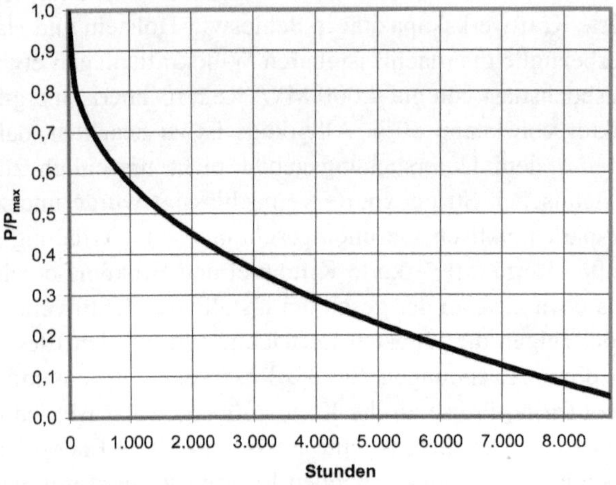

Abbildung 2-6: Mittlere Jahresdauerlinie des Fernwärmebedarfs der Jahre 1993-97 in Hamburg; Quelle: HEW (Geschäftsbericht 1997), SCHLESWIG-HOLSTEIN (Energiebericht 1999), HARMSEN / KOHLER / MÜSCHEN (Bessere Luft 1985), S. 131 und MÜLLER (Elektrizitätswirtschaft 1998), S. 271

---

71 LÜTH führt aus, daß sich die Berücksichtigung einer Lastkurve der Wärmenachfrage aus diesem Grund in der Modellierung von Energieversorgungssystemen nicht durchgesetzt habe (LÜTH (Energieversorgung 1997), S. 122).

3. Technologische Ausstattung des Energieversorgungs-systems und Handlungsmöglichkeiten

Die für das Planungsjahr 2010 erwartete technologische Ausstattung des betrachteten Energieversorgungssystems ist der Ausgangspunkt der späteren Planungsrechnungen, daher ist die Nutzung respektive die Stillegung der zum Planungszeitpunkt vorhandenen Installationen neben dem Zubau von neuen Anlagen als eine mögliche Handlungsoption zu berücksichtigen. Die Darstellung der vorhandenen und zukünftig verfügbaren Einrichtungen erfolgt durch charakterisierende technische und wirtschaftliche Parameter, wobei verschiedene Technologietypen, wie beispielsweise Kraftwerke oder Verteilungsnetze, durch einen jeweils angepaßten Satz von Parametern beschrieben werden.

Alle Parameter und auch die Ergebnisse der späteren Planungsrechnungen sind grundsätzlich auf die Leistungseinheit Megawatt (MW) bzw. die Energieeinheit Megawattstunde (MWh) bezogen, so daß installierte Kapazitäten, spezifische technische und wirtschaftliche Größen bzw. auch nachgefragte und erzeugte Energiemengen grundsätzlich in diesen Einheiten notiert werden. Eine Ausnahme bildet die Angabe von Energiemengen in den Einheiten Petajoule (PJ) oder Terajoule (TJ), wo dies aus Gründen der Zweckmäßigkeit in der Ergebnisdarstellung geboten erscheint.

3.1. Elektrizitäts- und Fernwärmeerzeugung im Kraftwerksverbund

Die im Untersuchungsgebiet vorhandene Ausstattung mit Anlagen zur Elektrizitäts- bzw. Fernwärmeerzeugung soll nachfolgend unterschieden werden nach

- großtechnischen Einrichtungen, die im Verbund vom Lastverteiler entsprechend des zeitlichen Lastverlaufes eingesetzt werden können und nach
- dezentralen Anlagen, welche sich durch eine zeitlich fluktuierende Stromeinspeisung charakterisieren lassen[72].

Die großtechnische Elektrizitätserzeugung bildet nach wie vor das Rückgrat der norddeutschen Elektrizitätsversorgung und erfolgt heute und auch im Planungs-

---

[72] Diese Unterscheidung wird in Anlehnung an FISCHEDICK (Erneuerbare Energien 1995) vorgenommen.

jahr zum weitaus überwiegenden Teil in thermischen Kondensationskraftwerken: In jeweils verlustbehafteten Umwandlungsprozessen wird dort mittels der eingesetzten Primärenergieträger zuerst thermische Energie erzeugt, welche unter Einsatz des Arbeitsmediums Wasser bzw. Wasserdampf in Dampfturbinen in mechanische Energie und sodann in Generatoren in den letztlich nachgefragten elektrischen Strom umgewandelt wird.

Die Gesetze der Thermodynamik legen die theoretische Obergrenze der Wirkungsgrade thermischer Kraftwerke durch die erreichbaren Temperaturniveaus am „heißen und kalten Ende" der Kraftwerke fest. Durch vielfältige wärmetechnische Einrichtungen und den Einsatz hochwärmefester Materialien wird in ständigem Bemühen eine weitestgehende „Carnotisierung" des zugrundeliegenden Clausius-Rankine-Prozesses angestrebt, um den Wirkungsgrad des realen Kreisprozesses seinem theoretischen Maximum anzunähern. Eine Verbesserung der Wirkungsgrade bedeutet aber immer auch eine Verringerung der mit der Umwandlung verbundenen Energie- und Stoffströme, so daß durch die Erhöhung der Umwandlungswirkungsgrade die Elektrizitätsversorgung gleichermaßen umweltverträglicher gestaltet werden kann. Wesentlich höhere Wirkungsgrade als im reinen Dampfprozeß lassen sich bei einer Kombination von Gas- und Dampfturbinenprozeß in sogenannten GuD-Kraftwerken erzielen. Der Einsatz von Kohle in GuD-Kraftwerken ist heute und auf absehbare Zeit noch nicht Stand der Technik, so daß nachfolgend für diese Technologie nur Erdgas als Brennstoff vorgesehen wird.[73]

Eine weitere Möglichkeit zur besseren Ausnutzung der eingesetzten Energieträger bietet die Auskopplung von Hoch- bzw. Niedertemperaturwärme in Anlagen zur Kraft-Wärme-Kopplung. Die gemeinsame Erzeugung von Elektrizität und Wärme bringt trotz unvermeidbarer Einbußen beim elektrischen Wirkungsgrad gegenüber der ausschließlichen Elektrizitätserzeugung regelmäßig deutlich bessere energetische Gesamtwirkungsgrade in bezug auf die eingesetzten Energieträger. Allerdings setzt die gemeinsame Erzeugung einen zeitlich übereinstim-

---

[73] Die Grundlagen bzw. neuere Entwicklungen der Kraftwerkstechnik sind beispielsweise KUGELER / PHLIPPEN (Energietechnik 1990), BMWI (Kohlekraftwerke 1999), VDI (Kraftwerkstechnik 1999), BERGMANN / HANNES (Umwandlungstechniken 2000) oder FREWER / MELISS (Stromerzeugung 1992) zu entnehmen.

menden Bedarfsverlauf nach beiden Produkten und aufgrund des verlustbehafteten sowie teuren Wärmetransports eine verbrauchsnahe Erzeugung voraus.

Der in Hamburg und Schleswig-Holstein voraussichtlich im Planungsjahr 2010 vorhandene Bestand an Kraft-, Heiz- und Heizkraftwerken sowie die für Neubauten zur Verfügung stehenden Technologien werden nachfolgend beschrieben. Die verschiedenen Umwandlungseinrichtungen werden grundsätzlich anhand der eingesetzten Energieträger unterschieden. Aufgrund der hervorragenden Bedeutung und der Größe der einzelnen Kraftwerksblöcke werden die Kernkraftwerke entgegen der sonstigen Vorgehensweise nicht als Summe der installierten Kapazitäten, sondern jeweils als Einzelanlagen dargestellt.

3.1.1. Kernkraftwerke

Die Betriebsführung der im Untersuchungsgebiet gelegenen Kernkraftwerke in Brunsbüttel, Krümmel, Brokdorf sowie des in Höhe des HEW-Anteils der Untersuchungsregion zugerechneten Kernkraftwerks in Stade obliegt Betriebsgesellschaften, die eigens zu diesem Zweck von den beteiligten Energieversorgungsunternehmen gegründet wurden. Die Beteiligungsverhältnisse und ausgewählte technische Daten können Tabelle 3-1 entnommen werden.

		Kernkraftwerk			
		Stade	**Brunsbüttel**	**Krümmel**	**Brokdorf**
Jahr der Inbetriebnahme		1972	1976	1983	1986
Netto-Leistung [MW]		630	771	1.260	1.370
Betriebsführung		E.ON Energie	HEW	HEW	E.ON Energie
Gesellschafts-anteile [%]	E.ON Energie	66,67	33,33	50,00	80,00
	HEW	33,33	66,67	50,00	20,00
Anteilige Netto-Leistung [MW]	E.ON Energie	420	257	630	1.096
	HEW	210	514	630	274

Tabelle 3-1: *Kernkraftwerke im Untersuchungsgebiet; Quelle:* U*MWELTBEHÖRDE (Gutachten 1999), S. 17 f. und* P*REUSSEN*E*LEKTRA (Kernkraft 1999), S. 18 ff.*

Die in Tabelle 3-1 aufgeführten Kernkraftwerke sind heute in Betrieb; aktuell diskutierte bzw. im Rahmen der Konsensgespräche zwischen Bundesregierung und Energiewirtschaft vereinbarte Stillegungspläne bis zum Planungszeitpunkt 2010 werden im Kontext entsprechender Strategie-Szenarien weiter unten detailliert behandelt. Entgegen der entgegenstehenden energiepolitischen Zielsetzungen in Bund und betroffenen Ländern soll in den Planungsrechnungen die Möglichkeit eines Zubaus von Kernkraftwerkskapazitäten des zur Zeit in der Entwicklung befindlichen Typs European Pressurized Reactor (EPR) als Ersatz für bestehende Einheiten berücksichtigt werden. Aufgrund der Altersstruktur des gegebenen Kernkraftwerksparks soll ein Ersatz der ältesten Kernkraftwerke in Stade bzw. Brunsbüttel durch neue Kernkraftwerke am gleichen Standort möglich sein, wobei trotz des HEW-Anteils von nur einem Drittel der installierten Kapazität am bestehenden Kraftwerk auch für den Standort Stade für ein gegebenenfalls zuzubauendes Kernkraftwerk eine Blockgröße in Höhe der geplanten EPR-Leistung von 1.750 MW angesetzt wird.

Die zur Charakterisierung bestehender bzw. zuzubauender Anlagen benötigten wirtschaftlichen Parameter sind jeweils als spezifische Größen angegeben: Fixe Ausgaben sind auf die installierte Kapazitätseinheit bezogen, wobei ausschließlich bei neu zu installierenden Anlagen neben den fixen jährlichen Ausgaben für Personal, Versicherungen sowie Wartung und Instandhaltung auch die annuitätischen Investitionsausgaben für Errichtung und späteren Abriß enthalten sind, wohingegen arbeitsabhängige Ausgaben auf die erzeugte Energieeinheit bezogen sind. Die Investitionsausgaben bzw. Abschreibungen bestehender Anlagen bleiben als nicht entscheidungsrelevante „sunk costs" in den entsprechenden fixen Ausgaben unberücksichtigt. Das an dieser Stelle und im weiteren verwendete Berechnungsschema zur Ermittlung der spezifischen fixen Ausgaben ist nachfolgend in Abbildung 3-1 beispielhaft für ein am Altstandort Brunsbüttel neu zu errichtendes Kernkraftwerk dargelegt und wird in Abschnitt 4.1 weitergehend erläutert.

System-Bezeichnung	**Brunsbüttel Neu (EPR)**		
Anlagenkenngrößen			
Anlagengröße (Output)	1.750 MW	1.750.000 kW	
Vollaststunden	7.500 h/a		
Wirkungsgrad	38%		
Energiemenge (Input)	34.539.474 MWh/a	34.539 GWh/a	124.342 TJ/a
Energiemenge (Output)	13.125.000 MWh/a	13.125 GWh/a	47.250 TJ/a
Leistungsabhängige Ausgaben			
Investitionsausgabe			
Spez. Investitionsausgabe inkl. Abrißkosten	5.360.584 DM/MW	5.360,58 DM/kW	
Investitionsausgabe	9.381.022.000 DM	9,3810 Mrd DM	
Nutzungsdauer [Jahre]	30		
Kalkulationszins	8,5%		
WGF	0,0931		
Annuität der Investitionsausgabe			**872.909.494 DM/a**
Spezifische Annuität der Investitionsausgabe			**498.805 DM/MW**
Sonstige jährliche fixe Ausgaben			
Personal 300 MA	23.142,86 DM/MW*a	23,14 DM/kW*a	
Sonstige fixe Ausgaben (Vers., Wartung, etc.)	166.178,10 DM/MW*a	166,18 DM/kW*a	
Sonstige jährliche fixe Ausgaben			**331.311.682 DM/a**
Spezifische sonstige fixe Ausgaben			**189.321 DM/MW**
Gesamte fixe Ausgaben p.a.			**1.204.221.176 DM/a**
Gesamte spezifische fixe Ausgaben			**688.126 DM/MW**

Abbildung 3-1: Beispielhafte Kalkulation der spezifischen fixen Ausgaben

Die fixen und variablen spezifischen Ausgaben im Bestand befindlicher und optional zuzubauender Kernkraftwerke sind, wie die ebenfalls zur Charakterisierung der Anlagen benötigten technischen Größen, in Tabelle 3-2 dargestellt. Die technischen Parameter Blockgröße, Leistungsverfügbarkeit zur Deckung der Spitzenlast, Zeitverfügbarkeit in den Lastbereichen Grundlast (GL), Mittellast (ML) und Spitzenlast (SL) sowie der durchschnittliche Nutzungsgrad der eingesetzten Energieträger wurden hier und für alle anderen nachfolgend beschriebenen Anlagen jeweils den in der Tabellenunterschrift genannten Quellen entnommen bzw. mittels darauf basierender eigener Abschätzungen und Berechnungen festgelegt.

	Kernkraftwerke								
	Block-größe	**Max. Einsatz**	**Max. Einsatz GL**	**Max. Einsatz ML**	**Max. Einsatz SL**	**Verfüg-barkeit**	**Nutz-ungs-grad**	**Fixe Ausga-ben**	**Var. Ausga-ben**
Kernkraft-werk	[MW]	[h/a]	[h/a]	[h/a]	[h/a]	[-]	[-]	[DM/ MW·a]	[DM/ MWh]
Brokdorf Bestand	1.370	7.728	7.728	3.500	0	0,90	0,36	150.000	1,32
Brunsbüttel Bestand	771	5.976	5.976	3.500	0	0,90	0,34	190.000	1,32
Krümmel Bestand	1.260	6.744	6.744	3.500	0	0,90	0,34	160.000	1,32
Stade Bestand	210	7.272	7.272	3.500	0	0,90	0,33	200.000	1,32
Brunsbüttel Neu	1.750	7.500	7.500	3.500	0	0,90	0,38	690.000	1,32
Stade Neu	1.750	7.500	7.500	3.500	0	0,90	0,38	690.000	1,32

Tabelle 3-2: *Kernkraftwerke: Bestand und Zubauoptionen; Quelle: UMWELTBEHÖRDE (Gutachten 1999), S. 52 ff., PREUSSENELEKTRA (Kernkraft 1999), S. 18 ff., TEICHEL / SCHNEIDER (EPR 1999), S.117, HILLEBRAND (Stromerzeugungskosten 1997), S. 12 ff., VDEW (Jahresbericht 1998), S. 44 und eigene Berechnungen*

3.1.2. Konventionelle thermische Kraftwerke

Die konventionellen, nicht-nuklearen thermischen Kraftwerke werden für jeden Kraftwerkstyp als Summe der im Untersuchungsgebiet verfügbaren bzw. maximal installierbaren Kapazitäten berücksichtigt. Eine detaillierte Darstellung einzelner Anlagen erfolgt im Gegensatz zu den Kernkraftwerken nicht. Die Unterscheidung der einzelnen Kraftwerkstechnologien wird anhand der eingesetzten Energieträger vorgenommen, wobei notwendigerweise jeweils mittlere Parameterwerte über alle Anlagen einer Technologie angenommen werden müssen. Die Ausgaben der mit Reststoffen betriebenen Müllverbrennungsanlagen aller Bauarten (Kraftwerke, Heizkraftwerke und Heizwerke) sind dem Energieversorgungssystem nicht entscheidungsrelevant zuzurechnen und werden daher nicht berücksichtigt.

In Tabelle 3-3 und Tabelle 3-4 werden für Schleswig-Holstein bzw. Hamburg die im Bestand installierten respektive maximal zubaubaren Kapazitäten von

Neuanlagen, die maximalen Einsatzstunden insgesamt sowie in den einzelnen Lastbereichen, die Verfügbarkeit im Hinblick auf die Spitzenlastdeckung, der Nutzungsgrad der eingesetzten Energieträger, die spezifischen fixen Ausgaben und die arbeitsabhängigen Ausgaben wiedergegeben.

	Kraftwerke Schleswig-Holstein								
	Inst. / Max. Kapazität	**Max. Einsatz**	**Max. Einsatz GL**	**Max. Einsatz ML**	**Max. Einsatz SL**	**Verfügbarkeit**	**Nutzungsgrad**	**Fixe Ausgaben**	**Var. Ausgaben**
Kraftwerkstyp	[MW]	[h/a]	[h/a]	[h/a]	[h/a]	[-]	[-]	[DM/ MW·a]	[DM/ MWh]
Mineralöl Bestand	552	560	0	0	560	0,95	0,29	22.000	2,50
Reststoff Bestand	5	5.800	5.800	3.500	0	0,50	0,35	0	0,00
Steinkohle Neu	6.000	7.500	7.500	3.500	0	0,95	0,48	235.000	3,50
Erdgas GuD Neu	6.000	7.500	7.500	3.500	560	0,95	0,60	100.000	2,00

Tabelle 3-3: *Kraftwerke in Schleswig-Holstein: Bestand und Zubauoptionen; Quelle: SCHLESWIG-HOLSTEIN (Energiebericht 1999), S. A-6, PreussenElektra (Kraftwerke 1999), S. 20ff., HEW (Umweltbericht 1996), S. 11, HILLEBRAND (Stromerzeugungskosten 1997), S. 12 ff. und eigene Berechnungen*

Als Zubauoptionen sind staubbefeuerte Steinkohlekraftwerke sowie erdgasbefeuerte GuD-Kraftwerke vorgesehen, wobei die unterschiedlichen Standortpotentiale in Schleswig-Holstein und Hamburg durch die jeweils maximal installierbaren Kapazitäten berücksichtigt werden. Die mit Mineralöl[74] und Erdgas betriebenen Kraftwerke sind Reserve- bzw. Spitzenlastanlagen, bei denen es sich in Schleswig-Holstein ausschließlich um ferngesteuert anfahrbare Gastur-

[74] Die bis auf eine unterschiedliche farblich-chemische Kennzeichnung bzw. Additivierung identischen Produkte leichtes Heizöl und Diesel sollen hier und nachfolgend unter dem Begriff „Mineralöl" subsumiert werden.

binen an mehreren Standorten und in Hamburg um das Kraftwerk in Moorburg handelt. Einer der beiden 500 MW-Dampfturbinen-Kraftwerksblöcke in Moorburg kann wahlweise mit leichtem Heizöl oder Erdgas betrieben werden, der andere Block verfeuert ausschließlich Erdgas. In den letzten Jahren wurde allerdings von der Möglichkeit des Heizöl-Einsatzes nur in äußerst geringem Umfang Gebrauch gemacht, so daß beide Blöcke als erdgasbetriebene Kraftwerkskapazität berücksichtigt werden. Weiterhin sind am Standort Moorburg zwei heizölbefeuerte Gasturbinen mit einer Leistung von je 76 MW installiert, wie Tabelle 3-4 zu entnehmen ist.

	Kraftwerke Hamburg								
	Inst. / Max. Kapazität	**Max. Einsatz**	**Max. Einsatz GL**	**Max. Einsatz ML**	**Max. Einsatz SL**	**Verfügbarkeit**	**Nutzungsgrad**	**Fixe Ausgaben**	**Var. Ausgaben**
Kraftwerkstyp	[MW]	[h/a]	[h/a]	[h/a]	[h/a]	[-]	[-]	[DM/ MW·a]	[DM/ MWh]
Erdgas Bestand	1.000	1.500	0	1.500	560	0,95	0,42	35.000	2,00
Mineralöl Bestand	152	560	0	0	560	0,95	0,29	22.000	2,50
Steinkohle Neu	750	7.500	7.500	3.500	0	0,95	0,48	235.000	3,50
Erdgas GuD Neu	750	7.500	7.500	3.500	560	0,95	0,60	100.000	2,00

Tabelle 3-4: Kraftwerke in Hamburg: Bestand und Zubauoptionen; Quelle: HEW (Geschäftsbericht 1999), S. 24f., HEW (Umweltbericht 1996), S. 11, HEW (Umweltbericht 1998), S. 7 ff., Hillebrand (Stromerzeugungskosten 1997), S. 12 ff. und eigene Berechnungen

3.1.3. Pumpspeicherwerk

Das Pumpspeicherwerk Geesthacht stellt Spitzen- und Regelleistung aus der mittelbaren Speicherung von Elektrizität zur Verfügung. Neben dem reinen Pump- sowie Leistungsbetrieb wird das Kraftwerk in einer dritten Betriebsart, dem sprachlich bedenklichen, aber regelungstechnisch wirkungsvollen „hydraulischen Wasserkurzschluß" eingesetzt:

> „Hierbei werden Pumpe, Turbine und Generator gleichzeitig in einem Maschinensatz gefahren. Pumpe und Turbine regeln im Wechselspiel […] ihre Pump- bzw. ihre Erzeugungsarbeit.“[75]

Wie der in Abbildung 3-2 dargestellten Prinzipskizze zu entnehmen ist, kann bei einer konstanten Pumpleistung von 32 MW die Leistungsabgabe der Turbine bedarfsgesteuert durch Drosselung des Wasserzulaufs zwischen 0 und 48 MW geregelt werden. Der Maschinensatz stellt somit eine Bandbreite der Leistungsabgabe von –32 bis +16 MW zur Verfügung. Mit den drei im Pumpspeicherwerk installierten Maschinensätzen ergibt sich die gesamte Regelleistungsbandbreite der Anlage zu 3 · 48 MW = 144 MW.

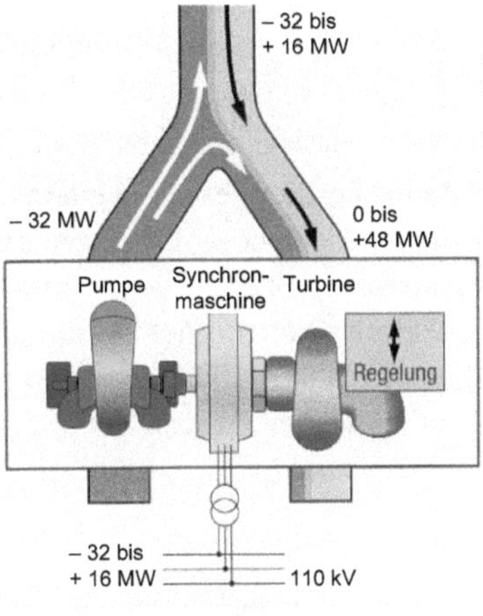

Abbildung 3-2: Pumpspeicherwerk Geesthacht – Regelbetrieb im hydraulischen Wasserkurzschluß; Quelle: HEW (Umweltbericht 1998), S. III

Durch den Regelbetrieb soll hier eine Mindestbetriebszeit von 700 h/a unterstellt werden. Die maximal mögliche Einsatzdauer von 3.000 h/a wird hingegen durch

[75] HEW (Umweltbericht 1998), S. II

die Zyklusdauern im reinen Pump- und Leistungsbetrieb bestimmt und ist neben allen weiteren charakterisierenden Parametern Tabelle 3-5 zu entnehmen.

	Pumpspeicherwerk Geesthacht									
	Inst. / Max. Kapazität	**Max. Einsatz**	**Min. Einsatz**	**Max. Einsatz GL**	**Max. Einsatz ML**	**Max. Einsatz SL**	**Verfügbarkeit**	**Nutzungsgrad**	**Fixe Ausgaben**	**Var. Ausgaben**
	[MW]	[h/a]	[h/a]	[h/a]	[h/a]	[h/a]	[-]	[-]	[DM/ MW·a]	[DM/ MWh]
Geesthacht Bestand	140	3.000	700	0	3.000	560	0,95	0,69	13.300	0,05

Tabelle 3-5: Pumpspeicherwerk Geesthacht; Quelle: HEW (Umweltbericht 1998), S. II ff., HEW (Geschäftsbericht 1998), S. 23 und eigene Berechnungen

Ein Zubau zusätzlicher Pumpspeicherwerke scheitert an den topographischen Gegebenheiten im Untersuchungsgebiet, wohingegen der Einsatz anderer Speichertechnologien für elektrische Energie wie etwa supraleitende Spulen, Schwungradspeicher, Druckluftspeicher oder Akkumulatoren aufgrund einer heute und auch für das Planungsjahr 2010 unterstellten mangelnden technischen Reife für die Anwendung in relevanten Größenordnungen ausscheidet.

3.1.4. Heizkraftwerke

In Abgrenzung zu den weiter unten behandelten dezentralen Blockheizkraftwerken wird die in Heizkraftwerken erzeugte Fernwärme in räumlich ausgedehnte Fernwärmenetze eingespeist und die Erzeugungseinheiten sind bezüglich der Elektrizitätserzeugung durch den regionalen Lastverteiler steuerbar in den Kraftwerksverbund integriert.

Die simultane Erzeugung von Elektrizität und Wärme in Kraft-Wärme-Kopplung kann je nach technischer Auslegung der Anlage in einem starren oder in gewissen Grenzen anpaßbaren Verhältnis der Koppelprodukte erfolgen. Im Rahmen der hier vorliegenden langfristigen Ausbauplanung soll auf eine entsprechende Unterscheidung der Heizkraftwerke hinsichtlich des Einsatzes von Gegendruck- bzw. Entnahmekondensations-Turbinen verzichtet werden. Eine explizite Berücksichtigung von Entnahmekondensations-Turbinen mit einem variablen Kopplungsverhältnis wäre nur sinnvoll, wenn zusätzlich die jedoch einer kurzfristigen Kraftwerkseinsatzplanung unterliegende Steuerung der Koppelproduktion im Modell abgebildet wäre. Das Verhältnis von Strom- zu Wärmeproduktion soll statt dessen für alle Anlagen in Kraft-Wärme-Kopplung jeweils durch eine feste Stromkennzahl beschrieben werden.

	Heizkraftwerke Schleswig-Holstein									
	Inst. / Max. Kapazität	**Max. Einsatz**	**Max. Einsatz GL**	**Max. Einsatz ML**	**Max. Einsatz SL**	**Verfügbarkeit**	**Nutzungsgrad**	**Stromkennzahl**	**Fixe Ausgaben**	**Var. Ausgaben**
Heizkraftwerkstyp	[MW_{el}]	[h/a]	[h/a]	[h/a]	[h/a]	[-]	[-]	[-]	[DM/ $MW_{el} \cdot a$]	[DM/ MWh_{el}]
Steinkohle Bestand	568	4.500	0	3.500	560	0,90	0,75	0,60	95.000	3,50
Reststoff Bestand	25	4.500	0	3.500	560	0,50	0,65	0,30	—	—
Steinkohle Neu	700	4.500	0	3.500	560	0,90	0,90	0,70	285.000	3,50
Erdgas GuD Neu	700	4.500	0	3.500	560	0,90	0,90	0,70	130.000	2,00

Tabelle 3-6: *Heizkraftwerke in Schleswig-Holstein: Bestand und Zubauoptionen; Quelle: SCHLESWIG-HOLSTEIN (Energiebericht 1999), S. A-6, PreussenElektra (Kraftwerke 1999), S. 20ff., KAIL / HABERBERGER (Kraft-Wärme-Kopplung 1999), S. 95ff., AGFW (Fernwärmeversorgung 1997), S. 14 ff. und eigene Berechnungen*

In Schleswig-Holstein wird zur Kraft-Wärme-Kopplung in Heizkraftwerken durchweg Steinkohle verfeuert, wobei sich die Anlagen auf die Standorte Kiel, Flensburg, Neumünster und Glückstadt konzentrieren. Das im schleswig-holsteinischen Wedel von den HEW betriebene Heizkraftwerk wird aufgrund der Anbindung an die dortige Fernwärmeversorgung in Hamburg berücksichtigt. Die im Bestand sowie als Zubauoptionen berücksichtigten Anlagen sind in Tabelle 3-6 und Tabelle 3-7 dargestellt, wobei als neu zu installierende Anlagen ausschließlich mit Steinkohle bzw. Erdgas befeuerte Heizkraftwerke vorgesehen werden. Ein weiterer Ausbau der thermischen Verwertung von Reststoffen ist nicht zu erwarten, da die Müllverbrennungs-Kapazitäten in den letzten Jahren beständig erweitert wurden und die umweltpolitischen Bestrebungen auf eine Verringerung des zu beseitigenden Reststoffaufkommens abzielen.

Heizkraftwerke Hamburg										
	Inst. / Max. Kapazität	**Max. Einsatz**	**Max. Einsatz GL**	**Max. Einsatz ML**	**Max. Einsatz SL**	**Verfügbarkeit**	**Nutzungsgrad**	**Stromkennzahl**	**Fixe Ausgaben**	**Var. Ausgaben**
Heizkraftwerkstyp	[MW_{el}]	[h/a]	[h/a]	[h/a]	[h/a]	[-]	[-]	[-]	[DM/ MW_{el}·a]	[DM/ MWh_{el}]
Steinkohle Bestand	447	4.500	0	3.500	560	0,90	0,75	0,60	95.000	3,50
Reststoff Bestand	45	4.500	0	3.500	560	0,50	0,65	0,30	—	—
Steinkohle Neu	350	4.500	0	3.500	560	0,90	0,90	0,70	285.000	3,50
Erdgas GuD Neu	350	4.500	0	3.500	560	0,90	0,90	0,70	130.000	2,00

Tabelle 3-7: Heizkraftwerke in Hamburg: Bestand und Zubauoptionen; Quelle: HEW (GESCHÄFTSBERICHT 1999), S. 24f., HEW (Umweltbericht 1996), S. 11, HEW (Umweltbericht 1998), S. 7 ff., KAIL / HABERBERGER (Kraft-Wärme-Kopplung 1999), S. 95ff., AGFW (Fernwärmeversorgung 1997), S. 14 ff., STADTREINIGUNG (Betriebsbericht 1999) und eigene Berechnungen

Die Fernwärme- und Elektrizitätserzeugung aus Kraft-Wärme-Kopplung ist in Hamburg ebenfalls durch den Einsatz von Steinkohle in den Heizkraftwerken

Wedel (258 MW_{el} / 349 MW_{th}) und Tiefstack[76] (189 MW_{el} / 320 MW_{th}) geprägt. Zusätzlich stellt die von der Stadtreinigung Hamburg betriebene Müllverbrennungsanlage Stellinger Moor Elektrizität und Wärme aus der Verbrennung von jährlich etwa 150.000 t Hausmüll bereit.

3.1.5. Heizwerke

Die in der Untersuchungsregion zum Einsatz kommenden Heizwerke zur Bereitstellung von Niedertemperaturwärme lassen sich grundsätzlich in drei Kategorien einteilen:

- Heizzentralen zur Versorgung von Nahwärme-Inseln
- Müllverbrennungsanlagen zur Grundlastversorgung in Fernwärmenetzen
- Spitzenlast-Heizwerke als eigenständige Anlagen oder als Spitzenlastkessel in Heizkraftwerken

Je nach Einsatzzweck ergeben sich Ausnutzungsdauern der installierten Leistung von teilweise unter 1.000 bis zu deutlich über 8.000 h/a im Falle der Müllverbrennungsanlage Borsigstraße in Hamburg, welche zusammen mit der benachbarten Sonderabfallverwertungsanlage in der Grundlast eingesetzt wird und mit einem Anteil von etwa 20% zur gesamten Fernwärmeerzeugung in Hamburg beiträgt. Am Rande sei erwähnt, daß die hier als nicht entscheidungsrelevant vernachlässigten Ausgaben für neu errichtete Müllverbrennungsanlagen zu Wärmeerzeugungskosten führen, die nahezu um den Faktor 10 über denjenigen vergleichbarer gas- oder ölbefeuerter Heizwerke liegen sollen[77].

Als Zubauoptionen sollen in beiden Regionen mit Steinkohle oder mit Erdgas befeuerte Heizwerke errichtet werden können. Weiterhin werden der für das Jahr 2010 geschätzte Bestand sowie das zusätzliche Potential von Biomasse-Heizwerken berücksichtigt. Bislang trugen die in Schleswig-Holstein mit öffentlichen Mitteln geförderten Biomasse-Anlagen (Biogasanlagen, Holzheiz-

---

[76] Die thermische Leistung bezieht sich ausschließlich auf den in Kraft-Wärme-Kopplung betriebenen Teil der Anlage. Die unabhängig von der Stromerzeugung einsetzbaren Spitzenlastkessel werden im nachfolgenden Abschnitt als Heizwerk berücksichtigt.

[77] Vgl. KAULBARSCH / ZWAHR (Müllverbrennung 2000), S. 102 und FRANKEN (Müllverbrennung 1998).

werke und Holzheizkraftwerke) mit einer jährlichen Wärmeproduktion von zusammen etwa 148 TJ und einer Stromproduktion von knapp 8.000 MWh zur Bedarfsdeckung bei[78]. Die Schätzung der zukünftigen Potentiale der Biomassenutzung in Heizwerken stützt sich auf die Annahme, daß vorrangig die festen Reststoffe aus der Land- und Forstwirtschaft Schleswig-Holsteins in Höhe von jährlich etwa 8 bis 12 PJ für eine energetische Nutzung zur Verfügung stehen werden[79]. Bei den Ausgabenschätzungen für Biomasse-Heizwerke wurde unterstellt, daß die spezifischen Investitionsausgaben gegenüber bisher realisierten Anlagen deutlich sinken werden.

	Heizwerke Schleswig-Holstein				
	Inst. / Max. Kapazität	**Max. Einsatz**	**Nutzungsgrad**	**Fixe Ausgaben**	**Var. Ausgaben**
Heizwerkstyp	[MW_{th}]	[h/a]	[-]	[$DM/MW_{th}\cdot a$]	[DM/MWh_{th}]
Steinkohle Bestand	300	1.500	0,85	6.500	3,00
Erdgas Bestand	700	1.500	0,90	4.000	0,50
Mineralöl Bestand	200	1.500	0,85	5.000	1,00
Biomasse Bestand	10	1.500	0,80	30.000	3,50
Steinkohle Neu	2.000	1.500	0,90	40.000	1,50
Erdgas Neu	2.000	1.500	0,95	25.000	0,50
Biomasse Neu	1.800	1.500	0,85	110.000	3,50

Tabelle 3-8: Heizwerke in Schleswig-Holstein: Bestand und Zubauoptionen; Quelle: SCHLESWIG-HOLSTEIN (Energiebericht 1999), S. 52 ff. und S. A-19, AGFW (Fernwärmeversorgung 1997), S. 14 ff., EWU (Kennziffern 1999), S. 62 ff. und eigene Berechnungen

Die im Planungsjahr erwarteten Bestände und Zubauoptionen für Heizwerke in Schleswig-Holstein sind Tabelle 3-8 zu entnehmen. Für die Region Hamburg wird in Tabelle 3-9 eine Nutzung von Biomasse in Heizwerken nicht berücksichtigt, da aufgrund der geringen land- bzw. forstwirtschaftlich genutzten Flä-

---

78 Vgl. SCHLESWIG-HOLSTEIN (Energiebericht 1999), S. 53.

79 Vgl. SCHLESWIG-HOLSTEIN (Energiebericht 1995), S. 60 und KALTSCHMITT / WIESE / FRISCH (Vergleich 1993), S. 333.

chen allenfalls unbedeutende Energiemengen bereitgestellt werden könnten. Der Bestand an Heizwerken in Hamburg beinhaltet insbesondere den alternativ mit leichtem Heizöl befeuerbaren Heizwerkteil des Heizkraftwerkes Tiefstack, der hier vereinfachend als ausschließlich erdgasbefeuert angesetzt wurde, sowie das neu errichtete Heizwerk Hafen.

	Heizwerke Hamburg				
	Inst. / Max. Kapazität	**Max. Einsatz**	**Nutzungsgrad**	**Fixe Ausgaben**	**Var. Ausgaben**
Heizwerkstyp	[MW_{th}]	[h/a]	[-]	[$DM/MW_{th}\cdot a$]	[DM/MWh_{th}]
Erdgas Bestand	700	1.500	0,90	4.000	0,50
Mineralöl Bestand	50	1.500	0,85	5.000	1,00
Reststoff Bestand	100	8.500	0,80	—	—
Steinkohle Neu	1.000	1.500	0,90	40.000	1,50
Erdgas Neu	1.000	1.500	0,95	25.000	0,50

Tabelle 3-9: *Heizwerke in Hamburg: Bestand und Zubauoptionen; Quelle: HEW (GESCHÄFTSBERICHT 1999), S. 24f., HEW (Umweltbericht 1996), S. 11, KAULBARSCH / ZWAHR (Müllverbrennung 2000), S. 97 ff., AGFW (Fernwärmeversorgung 1997), S. 14 ff., EWU (Kennziffern 1999), S. 62 ff. und eigene Berechnungen*

3.2. Dezentrale Elektrizitäts- und Nahwärmeerzeugung – Erneuerbare Energien und Blockheizkraftwerke

3.2.1. Zeitlich fluktuierende Netzeinspeisung von Elektrizität[80]

Die Erzeugung von Elektrizität aus den im Untersuchungsgebiet zu berücksichtigenden regenerativen Energiequellen Wind und Sonne unterliegt im Zeitablauf starken Schwankungen, die vom jeweiligen natürlichen Energieangebot be-

[80] Die nachstehenden Ausführungen zu einer zeitlich fluktuierenden Elektrizitätseinspeisung gründen im wesentlichen auf den Untersuchungen von JARASS ET AL. (Windkraft 1981), SCHMITT / SCHMITZ / SUDING (Windenergieeinsatz 1985), FISCHEDICK (Erneuerbare Energien 1995), KALTSCHMITT / FISCHEDICK (Wind- und Solarstrom 1995), KALTSCHMITT (Kapazitätseffekte 1996), LUX (Fluktuierende Einspeisung 1999) und SONTOW / KALTSCHMITT (Kapazitätseffekte 1999).

stimmt werden[81]. Neben der Netzeinspeisung von Elektrizität aus Windkraft- und Photovoltaikanlagen ist auch die Stromerzeugung in dezentralen Blockheizkraftwerken unter eine zeitlich fluktuierende Einspeisung zu subsumieren: Blockheizkraftwerke werden regelmäßig wärmegeführt eingesetzt, d.h. die Wärme- und damit auch die Stromerzeugung wird weitestgehend von der außentemperaturabhängigen Wärmenachfrage bestimmt. Eine der Elektrizitätsnachfrage angepaßte, stromgeführte Betriebsweise würde zum einen die Effizienzvorteile der gekoppelten Erzeugung von Elektrizität und Wärme nur teilweise nutzen können und zum anderen die regelungstechnische Einbindung in den Verbundbetrieb bedingen.

Die Auswirkungen der Integration einer fluktuierenden Einspeisung aus regenerativen Energieträgern bzw. wärmegeführten Blockheizkraftwerken in bestehende Verbundnetze bestehen in einer Veränderung der absoluten Höhe sowie der zeitlichen Struktur der vom konventionellen Kraftwerkspark zu deckenden Restlast. Bei signifikanten Anteilen der eingespeisten Arbeit bzw. der installierten dezentralen Kapazitäten sind Probleme in technischer und wirtschaftlicher Hinsicht zu gewärtigen, da diese Anlagen nicht vom Lastverteiler geführt und die Einspeisung nicht der jeweiligen Nachfrage sowie dem verfügbaren Angebot an konventioneller Kraftwerksleistung angepaßt werden kann. Die auftretenden Schwierigkeiten bestehen insbesondere in

- Rückwirkungen der dezentralen Einspeisung auf die lokale und regionale Netzlast und -stabilität,
- der Notwendigkeit eines kurzfristigen Einsatzes von Backup-Kraftwerken bei Ausfall der fluktuierenden Erzeugung,
- einer erschwerten Kraftwerkseinsatzplanung durch Störung der Fahrplanruhe,
- einem häufigeren An- und Abfahren von Kraftwerkskapazitäten und
- einem vermehrten Teillastbetrieb der vom Lastverteiler steuerbaren Kraftwerksblöcke.

---

[81] Die Nutzung der Wasserkraft zur Elektrizitätserzeugung ist in Norddeutschland aufgrund der topographischen Verhältnisse nur in vernachlässigbarem Rahmen möglich (HORLACHER / THEWALT (Wasserkraft 1993), S. 107 ff.).

Ein weiterer Effekt der fluktuierenden Einspeisung ist das zeitweilige Auftreten von Überschußstrom, d.h. die Einspeisung übersteigt zu gewissen Zeiten die Elektrizitätsnachfrage in der betrachteten Region. Der erzeugte Strom ist regelmäßig im Verbundnetz absorbierbar, trägt aber nicht zur definierten Versorgungsaufgabe im Untersuchungsgebiet bei. Gleichermaßen ist zu berücksichtigen, daß die zur fluktuierenden Einspeisung installierte Kraftwerksleistung nur zu einem gewissen Teil verläßlich zur Deckung der Spitzenlast dienen kann, da das stochastische Energieangebot eben nicht bei Bedarf abrufbar ist: Die Berücksichtigung des zurechenbaren Kapazitätseffekts erfolgt in Höhe des sogenannten Leistungskredits als demjenigen Betrag an konventioneller Kraftwerkskapazität, der bei vorgegebenem Zuverlässigkeitsniveau des gesamten Elektrizitätsversorgungssystems substituierbar ist[82]. Zusammenfassend ist zur Berücksichtigung einer fluktuierenden Einspeisung die Bestimmung des zu erwartenden Überschußstromanteils, des zurechenbaren Leistungskredits sowie die Aufteilung der eingespeisten Elektrizität in Grund-, Mittel und Spitzenlast notwendig. Beispielhaft ist für eine Windstromeinspeisung in Abbildung 3-3 der Verlauf der vorgenannten Größen in Abhängigkeit vom Anteil der Windkraftleistung an der gesamten installierten Leistung dargestellt.

[82] Vgl. SONTOW / KALTSCHMITT (Kapazitätseffekte 1999), S. 69.

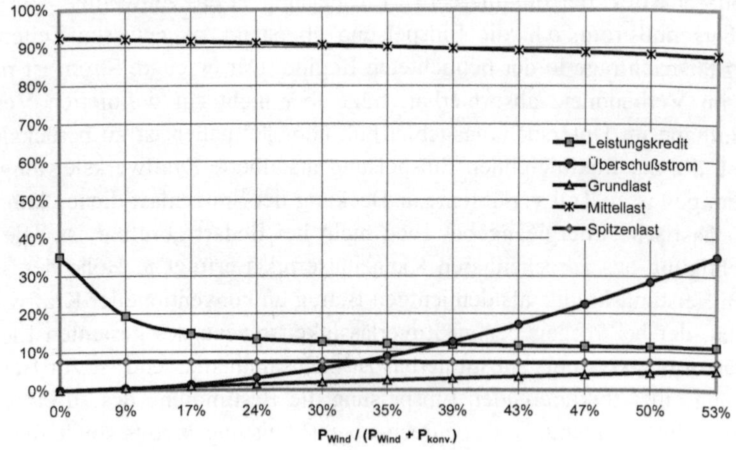

Abbildung 3-3: Windstromeinspeisung: Kennlinien des Überschußstromanteils, des Leistungskredits und der Aufteilung der erzeugten Elektrizität auf Lastbereiche

Der im untersuchten Gebiet nicht nutzbare Überschußstrom steigt mit dem Anteil der installierten Windkraftanlagen an der gesamten Leistung deutlich an, wobei stets der weit überwiegende Teil der Einspeisung eine Erzeugung in Mittellastkraftwerken substituiert. Der zurechenbare Leistungskredit der Windkraftanlagen sinkt mit zunehmender Durchdringung des Kraftwerksparks asymptotisch auf die gesicherte Leistung der Windenergieerzeugung in einer Größenordnung von etwa 10% der installierten Kapazität. Der in Abbildung 3-3 gezeigte Verlauf gilt qualitativ auch für die weiter unten behandelte Einspeisung aus Photovoltaik; die Stromerzeugung in Blockheizkraftwerken ist hingegen von einer geringeren Überschußstromproduktion gekennzeichnet.

3.2.2. Windkraft

Die Bereitstellung von Elektrizität aus regenerativen Energiequellen ist im Untersuchungsgebiet, naturgemäß besonders im windbegünstigten Flächenstaat Schleswig-Holstein, von der Nutzung der Windenergie in Windkraftanlagen dominiert. Um die Belastung der besonders „windhöffigen" Gebiete durch den weiteren Zubau von Windkraftanlagen in vertretbaren Grenzen zu halten, wurden im schleswig-holsteinischen Landesraumordnungsplan, auch unter Berücksichtigung der begrenzten Netzkapazitäten, insgesamt 160 km² „Windenergieeignungsräume“ ausgewiesen und für das Jahr 2010 eine Zielgröße von 1.400 MW installierter Leistung auf die Landkreise verteilt[83].

	Einspeisecharakteristik Windkraftanlagen					
	Inst. Kapazität	**Leistungskredit**	**Überschußstrom**	**Anteil GL**	**Anteil ML**	**Anteil SL**
Windkraftanlagentyp	[MW]	[-]	[-]	[-]	[-]	[-]
Windkraft Bestand / Windkraft Neu	0 - 999	0,14	0,01	0,03	0,90	0,07
	1.000 - 1.999	0,09	0,10			
	2.000 - 2.999	0,09	0,27			
	3.000 - 3.999	0,09	0,52			
	4.000 - 4.999	0,09	0,85			
Windkraft Offshore Neu	0 - 999	0,19	0,01	0,05	0,86	0,09
	1.000 - 1.999	0,14	0,08			
	2.000 - 2.999	0,14	0,23			
	3.000 - 3.999	0,14	0,44			
	4.000 - 4.999	0,14	0,73			

Tabelle 3-10: Windkraftanlagen: Leistungskredit, Überschußstrom und Lastbereiche; Quelle: JARASS ET AL. (Windkraft 1981), S. 95 ff., FISCHEDICK (Erneuerbare Energien 1995), S. 95 ff., KALTSCHMITT ET AL. (Windenergie 1997), S. 269 ff., LUX (Fluktuierende Einspeisung 1999), S. 73 ff. und eigene Berechnungen

[83] Vgl. SCHLESWIG-HOLSTEIN (Energiebericht 1999), S. 36.

Durch den starken Ausbau der Windkraftanlagen im letzten Dezennium sahen sich die damalige PreussenElektra bzw. die Schleswag als regionaler Verteilungsnetzbetreiber in Schleswig-Holstein bereits gezwungen, computergestützte kurzfristige Prognosemodelle für die Windstromeinspeisung zu entwickeln. Der schwierigste Fall für den Lastverteiler besteht in diesem Zusammenhang nicht etwa in einer Flautensituation mit stetiger Verringerung der Windstromeinspeisung, sondern in Starkwindzeiten mit einem plötzlichen und massiven Ausfall der Einspeisung durch die Überschreitung der Abschaltwindgeschwindigkeiten der Windkraftanlagen[84]. Zur Berücksichtigung des Überschußstromanteils und des anrechenbaren Leistungskredits von Windkraftanlagen in den Planungsrechnungen wurde in Tabelle 3-10 der für das Untersuchungsgebiet relevante Bereich installierbarer Kapazitäten bis 5.000 MW in Intervalle von jeweils 1.000 MW aufgeteilt und den einzelnen Intervallen wurden jeweils repräsentative Parameterwerte zugewiesen. Bei der Zuordnung des eingespeisten Stroms auf die Lastbereiche wurde aufgrund des flachen Verlaufes der in Abbildung 3-3 dargestellten Kennlinien jeweils ein konstanter Wert über den gesamten Bereich der installierbaren Kapazität von Windkraftanlagen angesetzt.

Für Schleswig-Holstein sind die für das Planungsjahr erwarteten Daten in Tabelle 3-11 dargelegt, wobei die jährliche Einsatzdauer hier nicht als Maximalwert zu verstehen ist, sondern bereits durch das natürliche Windangebot determiniert ist. Die Windstromeinspeisung ist folglich durch die Höhe der installierten Kapazität und die Anzahl der Vollaststunden hinsichtlich aller relevanten Parameter festgelegt: Überschußstromerzeugung, nutzbare Stromerzeugung in den einzelnen Lastbereichen sowie der anrechenbare Leistungskredit hinsichtlich der Spitzenlastdeckung sind damit bestimmt. Der angegebene Nutzungsgrad bezieht sich auf den Gesamtwirkungsgrad der in der Windkraftanlage in elektrische Energie umgewandelten Windenergie.

Es wird unterstellt, daß über die für Schleswig-Holstein im Landesraumordnungsplan hinaus festgelegten 1.400 MW weitere 400 MW durch Ertüchtigung bestehender Windkraftanlagen installiert werden können[85]. Neuinstallationen von Windkraftanlagen sind außerhalb von Nationalparkflächen im Offshore-

[84] Vgl. LECHLEIN / NIMZ (Netzeinbindung 1996), S. 1682 f.

[85] Vgl. KÖPKE (Repowering 1999).

Bereich möglich, wobei gegenüber landgestützen Installationen gut doppelt so hohen Investitions- und Wartungskosten wesentlich höhere Vollbenutzungsstunden durch das bessere Windangebot auf hoher See gegenüberstehen[86].

	Windkraftanlagen Schleswig-Holstein				
	Inst. / Max. Kapazität	**Einsatz-dauer**	**Nutzungs-grad**	**Fixe Aus-gaben**	**Var. Ausgaben**
Windkraftanla-gentyp	[MW]	[h/a]	[-]	[DM/ MW·a]	[DM/ MWh]
Windkraft Bestand	1.400	2.000	0,45	45.000	0,00
Windkraft Neu	400	2.200	0,50	225.000	0,00
Windkraft Offshore Neu	3.200	3.500	0,50	500.000	0,00

Tabelle 3-11: Windkraftanlagen in Schleswig-Holstein: Bestand und Zubauoptionen; Quelle: FISCHEDICK (Erneuerbare Energien 1995), S. 95 ff., KALTSCHMITT ET AL. (Windenergie 1997), S. 269 ff., ISET (Jahresauswertung 1998), S. 63 ff., SCHLESWIG-HOLSTEIN (Energiebericht 1999), S. 36 und eigene Berechnungen

In Hamburg sind aufgrund des Flächenbedarfs von Windkraftanlagen nur unbedeutende Installationen von Windkraftanlagen zu verzeichnen und zukünftig zu erwarten, obwohl eine Nutzung von Hafen- und Gewerbegebieten für eine Errichtung von Windkraftanlagen vergleichsweise große Flächen zugänglich machen könnte[87]. Das im Jahresmittel geringere Windangebot in Hamburg wird durch die in Tabelle 3-12 angesetzten Vollaststunden in Höhe von 1.500 h/a reflektiert.

---

[86] Vgl. SCHWENK / REHFELDT (Offshore 1999), S. 24 ff.

[87] Der hohe Flächenbedarf beruht auf der geringen Energiedichte der bewegten Luft und daraus resultierend in Flächenbedarfen von etwa 70.000 bis 120.000 m² für eine Windkraftanlage der 1 MW-Klasse unter Berücksichtigung von gegenseitigen Abschattungseffekten bei Aufstellung mehrerer Anlagen in einem sogenannten „Windpark" (JARASS ET AL. (Windenergie 1981), S. 84 ff. und KALTSCHMITT ET AL. (Windenergie 1997), S. 266 ff.).

	Windkraftanlagen Hamburg				
	Inst. / Max. Kapazität	Einsatzdauer	Nutzungsgrad	Fixe Ausgaben	Var. Ausgaben
Windkraftanlagentyp	[MW]	[h/a]	[-]	[DM/ MW·a]	[DM/ MWh]
Windkraft Bestand	30	1.500	0,45	45.000	0,00
Windkraft Neu	50	1.500	0,50	225.000	0,00

Tabelle 3-12: Windkraftanlagen in Hamburg: Bestand und Zubauoptionen; Quelle: FISCHEDICK (Erneuerbare Energien 1995), S. 95 ff., KALTSCHMITT ET AL. (Windenergie 1997), S. 269 ff., ISET (Jahresauswertung 1998), S. 63 ff., KRUPP (Auskunft 2000), UMWELTBEHÖRDE (Erneuerbare Energien 1999) und eigene Berechnungen

3.2.3. Photovoltaik

Die Ausnutzung des photovoltaischen Effekts zur direkten Umwandlung der solaren Strahlungsenergie in Elektrizität kommt ohne die Nutzung von Arbeitsmedien oder den Einsatz beweglicher Teile aus. Dieses auf den ersten Blick elegant erscheinende Verfahren zur Elektrizitätserzeugung leidet allerdings unter aktuell und in der absehbaren Zukunft vergleichsweise sehr hohen Herstellungskosten, einem komplizierten und energieaufwendigen Herstellungsprozeß, geringen Umwandlungswirkungsgraden der eingestrahlten Sonnenenergie und einem hohen Flächenbedarf aufgrund der geringen Energiedichte der eingestahlten Sonnenenergie[88]. Zudem ist auch die photovoltaische Stromerzeugung der Abhängigkeit von stochastischen meteorologischen Einflüssen unterworfen und zusätzlich durch einen ausgeprägten Tages- und Jahresgang gekennzeichnet[89]. Ein wirtschaftlich vertretbarer Einsatz der photovoltaischen Stromerzeugung beschränkt sich daher bislang auf Anwendungsfälle, in denen durch den Einsatz einer Photovoltaikanlage die Errichtung von teuren Infrastruktureinrichtungen für eine leitungsgebundene Elektrizitätsversorgung vermieden werden kann

[88] Der Flächenbedarf liegt zur Zeit bei etwa 10m² für ein Photovoltaikmodul mit einer Spitzenleistung von einem kW_p (WIESE / KALTSCHMITT (Solarenergie 1993), S. 55).

[89] Vgl. FISCHEDICK (Erneuerbare Energien 1995), S. 99 ff. und WIESE / KALTSCHMITT (Solarenergie 1993), S. 21 ff.

(„Insellösungen")[90]. Gleichwohl soll im Rahmen der hier untersuchten langfristigen Ausbauplanung und in Fortschreibung der aktuellen energierechtlichen Situation eine Netzeinspeisung der in Photovoltaikanlagen erzeugten Elektrizität unterstellt werden. Aufgrund der fluktuierenden Charakteristik der Einspeisung sind der Leistungskredit, die Überschußstromerzeugung und die Aufteilung der Stromerzeugung auf die Lastbereiche abzuschätzen.

	Einspeisecharakteristik Photovoltaikanlagen					
	Inst. Kapazität	**Leistungskredit**	**Überschußstrom**	**Anteil GL**	**Anteil ML**	**Anteil SL**
Photovoltaikanlagentyp	[MW]	[-]	[-]	[-]	[-]	[-]
Photovoltaik Bestand / Photovoltaik Neu	0 - 999	0,07	0,01	0,02	0,90	0,08
	1.000 - 1.999	0,02	0,08			
	2.000 - 2.999	0,02	0,23			
	3.000 - 3.999	0,02	0,44			
	4.000 - 4.999	0,02	0,73			

Tabelle 3-13: Photovoltaikanlagen: Leistungskredit, Überschußstrom und Lastbereiche; Quelle: FISCHEDICK (Erneuerbare Energien 1995), S. 95 ff., KALTSCHMITT ET AL. (Photovoltaik 1997), S. 192 ff., LUX (Fluktuierende Einspeisung 1999), S. 73 ff., WIESE / KALTSCHMITT (Solarenergie 1993), S. 52 ff. und eigene Berechnungen

Die Berücksichtigung der in Abbildung 3-3 beispielhaft für den Fall der Windenergienutzung dargelegten Kennlinien der Überschußstromerzeugung und des anrechenbaren Leistungskredits geschieht auch bei der Photovoltaik durch die Zuweisung unterschiedlicher Parameterwerte je 1.000 MW - Intervall. Ebenso erfolgt die Zuordnung der erzeugten Elektrizität zu Lastbereichen analog zur

[90] Vgl. KLEEMANN / MELISS (Regenerative 1993), S. 158 ff.

Vorgehensweise bei der Windkraft mit jeweils konstanten Werten über den gesamten Bereich der installierten Kapazitäten, wie Tabelle 3-13 zu entnehmen ist. Die für Schleswig-Holstein in Tabelle 3-14 dargelegten maximal installierbaren Kapazitäten werden durch den großen Flächenbedarf der Photovoltaikanlagen begrenzt, wobei vorliegend eine Installation auf vorhandenen Dachflächen unterstellt wurde. Eine Nutzung von Freiflächen würde im Gegensatz zu Windkraftanlagen, die mit Einschränkungen eine anderweitige Nutzung erlauben, andere Verwendungen ausschließen.

	Photovoltaik Schleswig-Holstein				
	Inst. / Max. Kapazität	**Einsatz-dauer**	**Nutzungs-grad**	**Fixe Aus-gaben**	**Var. Ausgaben**
Photovoltaik-anlagentyp	[MW]	[h/a]	[-]	[DM/ MW·a]	[DM/ MWh]
Photovoltaik Bestand	10	750	0,12	40.000	0,00
Photovoltaik Neu	2.900	750	0,15	1.000.000	0,00

Tabelle 3-14: Photovoltaik in Schleswig-Holstein: Bestand und Zubauoptionen; Quelle: FISCHEDICK (Erneuerbare Energien 1995), S. 95 ff., KALTSCHMITT ET AL. (Photovoltaik 1997), S. 192 ff., LUX (Fluktuierende Einspeisung 1999), S. 73 ff., WIESE / KALTSCHMITT (Solarenergie 1993), S. 52 ff., SCHLESWIG-HOLSTEIN (Energiebericht 1999), S. 20, WAGNER (Photovoltaik 1998), S. 82 und eigene Berechnungen

In Hamburg ist ebenfalls eine Beschränkung des Zubaus auf die Nutzung von Dachflächen in der Größenordnung des aktuell vorhandenen Gebäudebestandes angenommen worden. Alle weiteren Parameter wurden gegenüber den für Schleswig-Holstein angesetzten Werten nicht variiert, wie Tabelle 3-15 zeigt.

	Photovoltaik Hamburg				
	Inst. / Max. Kapazität	**Einsatz-dauer**	**Nutzungs-grad**	**Fixe Aus-gaben**	**Var. Ausgaben**
Photovoltaik-anlagentyp	[MW]	[h/a]	[-]	[DM/ MW·a]	[DM/ MWh]
Photovoltaik Bestand	10	750	0,12	40.000	0,00
Photovoltaik Neu	1.700	750	0,15	1.000.000	0,00

Tabelle 3-15: Photovoltaik in Hamburg: Bestand und Zubauoptionen; Quelle: FISCHEDICK (Erneuerbare Energien 1995), S. 95 ff., KALTSCHMITT ET AL. (Photovoltaik 1997), S. 192 ff., LUX (Fluktuierende Einspeisung 1999), S. 73 ff., WIESE / KALTSCHMITT (Solarenergie 1993), S. 52 ff., WAGNER (Photovoltaik 1998), S. 82, KRUPP (Auskunft 2000) und eigene Berechnungen

3.2.4. Dezentrale wärmegeführte Blockheizkraftwerke

Als Blockheizkraftwerke (BHKW) werden in Kraft-Wärme-Kopplung betriebene Kleinkraftwerke in der Leistungsklasse von einigen kW_{el} bis einigen MW_{el} bezeichnet, dabei kommen in der großen Mehrzahl der Anwendungsfälle mit Erdgas oder Diesel, seltener auch mit Bio-, Deponie-, oder Klärgas[91] betriebene Verbrennungsmotoren zum Einsatz. Die Verwendung von Gasturbinen in BHKW beschränkt sich auf einzelne Installationen in Industrieanlagen und soll daher nachfolgend vernachlässigt werden.

Die bereits vor etwa 150 Jahren erstmalig beschriebene Brennstoffzellentechnologie[92] befindet sich hinsichtlich ihres Einsatzes zur Kraft-Wärme-Kopplung in BHKW momentan im Stadium der Felderprobung in einzelnen Demonstrationsanlagen. In Brennstoffzellen wird in Umkehrung des Prinzips der Elektrolyse die in Wasserstoff chemisch gebundene Energie durch elektrochemische Oxidation direkt in elektrische Energie umgewandelt. Der Brennstoffzellenprozeß verspricht gegenüber der thermischen Brennstoffumwandlung in Wärmekraftma-

---

[91] Die Brennstoffe Bio-, Deponie- und Klärgas werden in diesem Abschnitt vereinfachend unter dem Begriff Biomasse subsumiert.

[92] Zur Brennstoffzellentechnologie vgl. STIMMING (Brennstoffzellen 1999) und JABLONSKI (Brennstoffzellen 2000).

schinen höhere Wirkungsgrade, ein verbessertes Teillastverhalten und vergleichsweise geringe Schadstoffemissionen sowie eine im Vergleich zu motorisch betriebenen BHKW höhere Stromkennzahl. Die Energieumwandlung in Brennstoffzellen ist im Betrieb grundsätzlich schadstofffrei, die Bereitstellung des als Energieträger benötigten Wasserstoffs bedingt jedoch eine verlust- und schadstoffbehaftete Bereitstellung aus fossilen Brennstoffen. Auch bei der als Lösung des Problems der großtechnischen Speicherung regenerativ erzeugter Elektrizität propagierten elektrolytischen Gewinnung von Wasserstoff sind noch vielfältige technische Probleme der Speicherung und des Transportes des Wasserstoffes sowie insbesondere der Verbesserung des Gesamtwirkungsgrades der Umwandlungskette zu lösen. Nachfolgend sollen Brennstoffzellen als Zubauoption zur Bereitstellung von Elektrizität und Nahwärme in BHKW berücksichtigt werden, wobei eine lokale Erzeugung des benötigten Wasserstoffs durch katalytische Reformierung von in Erdgas enthaltenem Methan unterstellt wird. Die zukünftigen wirtschaftlichen und technischen Parameter der Brennstoffzellen-BHKW können nur grob abgeschätzt werden, da bislang erst die Daten von wenigen Demonstrationsobjekten verfügbar sind.

Grundsätzlich lassen sich als Einsatzfelder für BHKW die Wärmeversorgung größerer Einzelobjekte, wie beispielsweise Krankenhäuser oder Industrieanlagen mit einem ganzjährig hohen Wärme- bzw. auch Kältebedarf[93], und die Gebietsversorgung mit Niedertemperaturwärme mittels eines Nahwärmenetzes unterscheiden. Zur Erreichung genügend hoher jährlicher Ausnutzungsdauern werden BHKW meist modular aufgebaut und auf die Abdeckung der Wärmegrundlast ausgelegt. Die Wärmebedarfsspitzen werden mit Spitzenlastkesseln und teilweise auch unter Zuhilfenahme von Kurzzeitwärmespeichern abgedeckt. Die Berücksichtigung von Spitzenlastkesseln wird durch entsprechend angepaßte Stromkennzahlen bewerkstelligt, d.h. die Stromkennzahl eines typischen Gesamtsystems inklusive Spitzenlastkessel wird angesetzt, nicht diejenige des Kraft-Wärme-Kopplung-Teilsystems. Wie bereits in Abschnitt 3.2.1 ausgeführt, werden BHKW regelmäßig wärmegeführt und netzparallel betrieben, wodurch sich eine der regenerativen Stromerzeugung in Windkraft- und Photovoltaikan-

93 Die sogenannte Kraft-Wärme-Kälte-Kopplung bezieht neben der Wärmeversorgung auch die Deckung des tendenziell jahreszeitlich gegenläufigen Kältebedarfs von Klima- und Kühlanlagen mittels Absorptions-Kälteanlagen in die Auslegung von BHKW ein.

lagen vergleichbare, fluktuierende Charakteristik der zeitgleich erzeugten und in das Netz der öffentlichen Versorgung eingespeisten Elektrizität ergibt. Folglich sind auch hier Festlegungen für den anrechenbaren Leistungskredit und den Anteil der Überschußstromerzeugung in Abhängigkeit von der installierten Kapazität sowie die Aufteilung der erzeugten Elektrizität auf die einzelnen Lastbereiche erforderlich, die Tabelle 3-16 zu entnehmen sind.

	Einspeisecharakteristik Blockheizkraftwerke					
	Inst. Kapazität	**Leistungskredit**	**Überschußstrom**	**Anteil GL**	**Anteil ML**	**Anteil SL**
BHKW-Typ	[MW]	[-]	[-]	[-]	[-]	[-]
Alle BHKW-Technologien (Bestand und Neuanlagen)	0 - 999	0,39	0,00	0,01	0,95	0,04
	1.000 - 1.999	0,19	0,01			
	2.000 - 2.999	0,19	0,02			
	3.000 - 3.999	0,19	0,03			
	4.000 - 4.999	0,19	0,05			

Tabelle 3-16: BHKW: Leistungskredit, Überschußstrom und Lastbereiche; Quelle: FISCHEDICK (Erneuerbare Energien 1995), S. 19ff. und S. 102 ff. sowie eigene Berechnungen

Als Folge der Deregulierung des Elektrizitätsmarktes, genauer gesagt aufgrund der Überkapazitäten und des daraus resultierenden Preis- und Margenverfalls, stellt sich die Zukunft der dezentralen Kraft-Wärme-Kopplung derzeit höchst ungewiß dar[94]. Obgleich der Gesetzgeber im Rahmen des eiligst erlassenen Kraft-Wärme-Kopplungs-Gesetzes[95] eine Abnahme- und Vergütungspflicht für

---

[94] Vgl. BAER / FELWOR / KIRCHHOFF / ZIEGELMANN (KWK-Fernwärmeversorgung 1999), S. 324 ff. und BÄSE (Kraft-Wärme-Kopplung 1999).

[95] Vgl. BGBL (Kraft-Wärme-Kopplung 2000).

Strom aus Kraft-Wärme-Kopplung festgeschrieben hat, ist der als energiepolitisches Ziel postulierte Zubau von Blockheizkraftwerken so gut wie zum Erliegen gekommen und teilweise ist sogar ein Rückbau vorhandener Anlagen zu verzeichnen. Im weiteren wird für das Planungsjahr 2010 eine gegenüber dem heutigen Bestand unveränderte BHKW-Kapazität in Tabelle 3-17 für Schleswig-Holstein und in Tabelle 3-18 für Hamburg angesetzt.

	Blockheizkraftwerke Schleswig-Holstein					
	Inst. / Max. Kapazität	**Einsatz-dauer**	**Nutzungs-grad**	**Strom-kennzahl**	**Fixe Aus-gaben**	**Var. Ausgaben**
BHKW-Typ	[MW_{el}]	[h/a]	[-]	[-]	[DM/ $MW_{el}\cdot a$]	[DM/ MWh_{el}]
Erdgas Bestand	70	5.300	0,87	0,40	60.000	30,00
Mineralöl Bestand	10	5.300	0,85	0,40	65.000	30,00
Biomasse Bestand	1	4.600	0,75	0,35	125.000	35,00
Erdgas Neu	500	5.300	0,93	0,45	300.000	30,00
Mineralöl Neu	500	5.300	0,90	0,45	315.000	30,00
Biomasse Neu	200	4.600	0,75	0,40	725.000	35,00
Brennstoffzelle Neu	100	5.000	0,85	0,70	500.000	40,00

Tabelle 3-17: BHKW in Schleswig-Holstein: Bestand und Zubauoptionen; Quelle: FISCHEDICK (Erneuerbare Energien 1995), S. 19 ff. und 102 ff., SCHLESWIG-HOLSTEIN (Energiebericht 1999), S. A-16 ff., SCHLESWIG-HOLSTEIN (Energieversorgung 1993), S. 367 ff. und 384 ff., KALTSCHMITT / WIESE (Reststoffe 1993), S. 245 ff., BÖHNISCH / LANGNISS / NITSCH / STAISS (BHKW 1996), S. 146 ff., ASUE (BHKW-Grundlagen 1999), S. 21, EWU (Kennziffern 1999), S. 119 ff. sowie eigene Berechnungen

Die in Hamburg installierten BHKW werden fast durchgehend mit Erdgas betrieben. Der Anteil der dieselbetriebenen BHKW kann vernachlässigt werden. Ebenso vernachlässigbar ist mangels einer ausreichenden Anzahl von geeigneten landwirtschaftlichen Betrieben das Aufkommen von Biogas zur Nutzung in

BHKW. Die Brennstoffzellentechnologie hingegen wird in Hamburg momentan im Rahmen eines Pilotprojekts in zwei BHKW mit einer Leistung von jeweils 200 kW_{el} erprobt, welche allerdings zum Planungszeitpunkt 2010 voraussichtlich nicht mehr zur Verfügung stehen werden[96].

	Blockheizkraftwerke Hamburg					
	Inst. / Max. Kapazität	**Einsatzdauer**	**Nutzungsgrad**	**Stromkennzahl**	**Fixe Ausgaben**	**Var. Ausgaben**
BHKW-Typ	[MW_{el}]	[h/a]	[-]	[-]	[DM/ MW_{el}·a]	[DM/ MWh_{el}]
Erdgas Bestand	66	5.300	0,87	0,40	60.000	30,00
Erdgas Neu	500	5.300	0,93	0,45	300.000	30,00
Mineralöl Neu	500	5.300	0,90	0,45	315.000	30,00
Brennstoffzelle Neu	100	5.000	0,85	0,70	500.000	40,00

Tabelle 3-18: BHKW in Hamburg: Bestand und Zubauoptionen; Quelle: FISCHEDICK (Erneuerbare Energien 1995), S. 19 ff. und 102 ff., KRUPP (Auskunft 2000), BÖHNISCH / LANGNISS / NITSCH / STAISS (BHKW 1996), S. 146 ff., ASUE (BHKW-Grundlagen 1999), S. 21, EWU (Kennziffern 1999), S. 119 ff. sowie eigene Berechnungen

3.3. Verteilung von Endenergieträgern

Zur Bereitstellung der leitungsgebundenen Endenergieträger elektrischer Strom, Erdgas sowie Fern- und Nahwärme zur letztendlichen Umwandlung in Nutzenergie beim Endverbraucher sind entsprechende Verteilungsnetze[97] notwendig. Die Netze müssen auf die Bewältigung der jeweiligen Spitzenlast bzw. auf

---

[96] Vgl. GRUBEL / WEINMANN (Brennstoffzelle 1999), S. 52 ff.

[97] In Abgrenzung zum Transport von Energieträgern über weite Entfernungen ist die Verteilung durch vergleichsweise kleine Mengen und Leistungen, kurze Entfernungen und viele Abnehmer gekennzeichnet (SAUER / ZEISE (Energietransport 1982), S. 257).

die Anschlußwerte der Verbraucher ausgelegt sein und haben im Falle der Erdgas- und Wärmeverteilung auch eine gewisse Speicher- bzw. Pufferfunktion im Rahmen der im Netz jeweils enthaltenen Energiemengen. Die Versorgung mit Mineralölprodukten erfolgt auf der Endverbraucherebene regelmäßig mit Tankfahrzeugen, deren Einsatzplanung, wie bereits in Abschnitt 1.3 ausgeführt wurde, nicht Gegenstand dieser Arbeit ist. Eine Berücksichtigung der Mineralöltransporte erfolgt durch Erfassung der hier relevanten variablen Ausgaben und der Verteilungsverluste in der Form eines Nutzungsgrades.

Die Erdgasversorgung im Untersuchungsgebiet wurde in der Vergangenheit bereits flächendeckend ausgebaut: Das Hamburger Stadtgebiet ist seit Mitte der 1980er Jahre praktisch vollständig mit Erdgasleitungen erschlossen[98], in Schleswig-Holstein lagen 1996 schon etwa 75% aller Haushalte in erdgasversorgten Gebieten[99]. Da nicht alle Anschlußmöglichkeiten bislang auch genutzt wurden, bestehen insbesondere in Schleswig-Holstein recht große Potentiale zur Erhöhung der Anschlußdichte ohne weiteren Ausbau der Leitungskapazitäten. Auch die Elektrizitätsverteilung auf Mittel- und Niederspannungsebene ist in beiden Ländern flächendeckend vorhanden und kann die Versorgung der Endverbraucher durch den in Zeiten eines regulierten Elektrizitätsmarktes erfolgten Aufbau umfassender Netzreserven jederzeit sicherstellen. In Schleswig-Holstein wird diese Aufgabe bislang von der Schleswag und 44 kommunalen Versorgungsunternehmen wahrgenommen. Zunehmend wurden dabei Freileitungen durch die im Verdichtungsraum Hamburg bereits lange üblichen Erdkabel ersetzt.

Die Versorgung mit Nahwärme soll im folgenden nicht mehr explizit betrachtet, sondern unter die Fernwärmeversorgung subsumiert werden, da die Verlegung und der Betrieb von Nah- und Fernwärmeleitungen im Rahmen dieser Arbeit als technisch identisch unterstellt werden können. Zur Festlegung der Kostenparameter von Fernwärmeleitungen wurden jeweils durchschnittliche Trassenlängen und Anschlußwerte pro Übergabestation berücksichtigt, um einen sinnvollen Bezug zur verwendeten Angabe der installierten Netzkapazität in MW herstellen

---

98 Vgl. HERMANN (Versorgungskonzept 1988), S. 5.

99 Vgl. SCHLESWIG-HOLSTEIN (Energiebericht 1999), S. 18.

zu können. Analog wurde im Falle der Elektrizitäts- und Gasverteilung vorgegangen.

Zur Beschreibung der vorhandenen und zukünftig möglichen Technologien werden in Tabelle 3-19 für Schleswig-Holstein und in Tabelle 3-20 für Hamburg die im Planungsjahr voraussichtlich vorhandenen bzw. maximal installierbaren Kapazitäten der Verteilungsnetze, deren maximale jährliche Benutzungsstunden, die Verteilungs- bzw. Netzverluste aus systematischen Gründen in Form eines Nutzungsgrades sowie fixe und variable Ausgaben der Endenergieverteilung aufgeführt. Die Abschätzung der im Untersuchungsgebiet installierten Kapazitäten und durchschnittlichen Benutzungsdauern orientiert sich an den in Abschnitt 2.2.3 dargelegten Endenergieverbrauchsstrukturen von 1997.

	Endenergieverteilung Schleswig-Holstein				
	Inst. / Max. Kapazität	**Benutzungs-dauer**	**Nutzungs-grad**	**Fixe Ausgaben**	**Var. Ausgaben**
Endenergie	[MW]	[h/a]	[-]	[DM/MW·a]	[DM/MWh]
Fernwärme Bestand	1.600	2.700	0,84	16.300	0,50
Mineralöl	—	—	0,98	—	3,50
Erdgas Bestand	4.200	4.500	0,96	2.600	0,20
Elektrizität Bestand	2.100	5.900	0,94	3.500	0,10
Fernwärme Neu	8.500	2.700	0,90	80.000	0,50
Erdgas Neu	9.000	4.500	0,96	15.000	0,20
Elektrizität Neu	8.000	5.900	0,94	20.000	0,10

Tabelle 3-19: Verteilung von Endenergieträgern in Schleswig-Holstein: Bestand und Zubauoptionen; Quelle: SAUER / ZEISE (Energietransport 1982), S. 257 ff., AGFW (Fernwärmeversorgung 1997), S. 36 f., HEIN / DREXLER (Kraft-Wärme-Kopplung 1984), S. 126 f., SCHLESWIG-HOLSTEIN (Energiebericht 1999), S. 14 ff., EWU (Kennziffern 1999) sowie eigene Berechnungen

Im Vergleich innerhalb der Untersuchungsregion stehen den in Schleswig-Holstein geringeren Anschlußdichten und entsprechend höheren durchschnittlichen Trassenlängen in Hamburg eine durch die dichte Bebauung deutlich aufwendigere Verlegung von Leitungen entgegen. Im Falle der Fernwärmeversorgung beispielsweise sind bei ähnlichen Anschlußwerten die Trassenlängen in Schleswig-Holstein etwa doppelt so hoch wie in Hamburg, während die Ausgaben der Leitungsverlegung in innerstädtischen Bereichen bis zum dreifachen derjenigen in unbefestigtem Gelände betragen können[100]. Für die Verlegung von Elektrizitäts- und Gasleitungen sind vergleichbare Bedingungen zu unterstellen, so daß für beide Regionen jeweils identische wirtschaftliche Parameter für die Versorgung mit leitungsgebundenen Endenergieträgern angenommen werden. Bei der Versorgung der Endverbraucher mit Mineralölprodukten ist ebenfalls nur eine grobe Schätzung der zuzurechnenden Ausgaben möglich, wobei für Schleswig-Holstein aufgrund der vergleichsweise größeren durchschnittlichen Transportentfernungen ein höherer Ausgabensatz angenommen wird.

	Endenergieverteilung Hamburg				
	Inst. / Max. Kapazität	**Benutzungs-dauer**	**Nutzungs-grad**	**Fixe Ausga-ben**	**Var. Ausga-ben**
Endenergie	[MW]	[h/a]	[-]	[DM/MW·a]	[DM/MWh]
Fernwärme Bestand	1.200	3.500	0,86	16.300	0,50
Mineralöl	—	—	0,98	—	2,50
Erdgas Bestand	3.200	5.000	0,96	2.600	0,20
Elektrizität Bestand	1.700	6.400	0,94	3.500	0,10
Fernwärme Neu	6.000	3.500	0,90	80.000	0,50
Erdgas Neu	4.500	5.000	0,96	15.000	0,20
Elektrizität Neu	4.000	6.400	0,94	20.000	0,10

Tabelle 3-20: Verteilung von Endenergieträgern in Hamburg: Bestand und Zubauoptionen; Quelle: HAMBURG (Energiebilanz 1997), SAUER / ZEISE (Energietransport 1982), S. 257 ff., AGFW (Fernwärmeversorgung 1997), S. 36 f., HEIN / DREXLER (Kraft-Wärme-Kopplung 1984), S. 126 f., EWU (Kennziffern 1999) sowie eigene Berechnungen

3.4. Verbrauchsnahe Bereitstellung von Nutzenergie

Die Umwandlung der Endenergieträger zur Versorgung der Verbraucher mit der letztendlich nachgefragten Nutzenergie in den Anwendungsbereichen Hoch- und Niedertemperaturwärme, mechanische Energie, Beleuchtung sowie Information und Kommunikation wird, wie in Abschnitt 2.2.3 gezeigt, im Untersuchungsgebiet mit einem Anteil von knapp 87% am gesamten Nutzenergiebedarf

[100] Vgl. AGFW (Fernwärmeversorgung 1997), S. 37 und EWU (Kennziffern 1999), S. 183 ff.

durch den Nutzwärmebedarf dominiert. Der Nutzwärmebedarf wird nach dem benötigten Temperaturniveau weiter in Hoch- und Niedertemperaturwärme unterteilt, womit Hochtemperaturwärme ausschließlich als Prozeßwärme im engeren Sinne, Niedertemperaturwärme hingegen in den Anwendungsbereichen Raumwärme und Warmwasser nachgefragt wird.

Die Nutzenergiebedarfe in den verschiedenen Anwendungsbereichen als „treibende Kraft" des gesamten Energieversorgungssystems können aus Sicht des Planungsmodells grundsätzlich entweder als exogene Parameter berücksichtigt werden oder durch die Einbeziehung mehr oder weniger ausgeprägter makroökonomischer Modelle internalisiert werden[101]. Einen Zwischenschritt stellt die Berücksichtigung von Effizienztechnologien dar, deren modellgesteuerte Installation den Einsatz von Nutzenergietechnologien und Endenergieträgern zur Deckung des verbleibenden Nutzenergie-Restbedarfes beeinflußt. Eine derartige teilweise Internalisierung der Nutzenergiebedarfe in die Logik des Planungsmodells unterstellt allerdings eine realiter nicht vorhandene Substituierbarkeit bzw. Interdependenz aller für die Höhe der zukünftigen Nutzenergiebedarfe relevanten Technologien. Als ein Beispiel seien Wärmedämmungsmaßnahmen an der Gebäudeaußenhülle von Altbauten genannt, die regelmäßig nur im Rahmen der vergleichsweise langen Renovierungszyklen zur Gebäudesanierung vorgenommen und nur sehr selten eigenständig durchgeführt bzw. im Zusammenhang mit der Anlagentechnologie zur Nutzwärmebereitstellung geplant werden. Im Rahmen dieser Arbeit sollen die Nutzenergiebedarfe als exogene Parameter angenommen und Handlungsoptionen zur Minderung von Nutzenergiebedarfen durch Effizienztechnologien nicht berücksichtigt werden.

3.4.1. Niedertemperaturwärme

Die Bereitstellung von Niedertemperaturwärme in den Anwendungsbereichen Raumwärme und Warmwasser umfaßt in Abgrenzung zur Hochtemperaturwärme ein Temperaturniveau bis unter etwa 100°C und zeichnet sich durch eine große Vielfalt heute und zukünftig verfügbarer Technologien aus. Zur Abbildung im Planungsmodell ist es daher notwendig, bestimmte repräsentative

---

[101] Auf die Unterscheidung verschiedener Ausprägungen von Energiemodellen wird in Abschnitt 4.1 detailliert eingegangen.

Technologien auszuwählen, die sich im Sinne der gewählten Systematik hinsichtlich der jeweils eingesetzten Endenergieträger unterscheiden. Eine weitere Differenzierung zur Berücksichtigung der ebenso vielfältig möglichen Kombinationen von Einzeltechnologien in bi- oder multivalenten Anwendungssystemen ist angesichts der notwendigerweise willkürlichen Beschränkung auf wenige Kombinationen und im Sinne eines konsistenten Aggregationsniveaus der Modellrechnungen verzichtbar. Zur Berücksichtigung der Tatsache, daß solarthermische Anlagen unter den metereologischen Bedingungen des Untersuchungsgebiets regelmäßig nicht die vollständige Deckung des Niedertemperaturwärmebedarfs eines einzelnen Objektes leisten können[102], wird nur derjenige Anteil dieser Technologie zur Deckung des Leistungsbedarfes berücksichtigt, der in monovalenter Betriebsweise eingesetzt wird. Analog wird im Falle von Wärmepumpen verfahren, die meist nur auf die Übernahme eines Teils der Bedarfsdeckung ausgelegt werden, da in Abhängigkeit von der zu überbrückenden Temperaturdifferenz die Leistungszahlen mit sinkenden Außentemperaturen abnehmen und daher eine Abdeckung der Spitzenlast mit ergänzenden Technologien notwendig wird. Der Anteil von Niedertemperaturwärmeanlagen in monovalenter Betriebsweise wird geschätzt und analog zur oben beschriebenen Vorgehensweise bei fluktuierender Elektrizitätserzeugung in Form eines Kapazitätseffektes zur Bewertung der jeweils installierten Kapazitäten benutzt. Diese Vorgehensweise bietet den Vorteil, daß keine willkürlichen Annahmen über die Komponenten ausgewählter bivalenter Systeme hinsichtlich des Brennstoffeinsatzes und der jeweiligen Anteile an der Bedarfsdeckung zu treffen sind, sondern daß die Technologien zur Bereitstellung der verbleibenden Wärmespitzenlast modellgesteuert ermittelt werden können. Damit die zur Spitzenlastabdeckung vorgesehenen Kapazitäten auch im Falle der Verfolgung von Extremstrategien modellgesteuert eingesetzt werden, ist die Einführung von technologiespezifischen Mindestbenutzungsdauern notwendig.

Nachstehend sind in Tabelle 3-21 und in Tabelle 3-22 die nach Endenergieträgern differenzierten Technologien zur Deckung des Bedarfes an Niedertempe-

---

[102] Neben der jahreszeitlichen Diskrepanz zwischen solarem Energieangebot und Wärmebedarf trägt hierzu auch der im Winter auf ein Viertel des sommerlichen Wertes sinkende Wirkungsgrad der Solarkollektoren bei (KUGELER / PHLIPPEN (Energietechnik 1990), S. 281)).

raturwärme in Schleswig-Holstein bzw. in Hamburg aufgeführt. Der Endenergieträger Elektrizität kann sowohl in Nachtspeicher- und Direktheizungen als auch in elektromotorisch betriebenen Wärmepumpen eingesetzt werden, allerdings ist aufgrund des in Abschnitt 2.2.3 erwähnten gesetzlichen Verbots des Neuanschlusses elektrischer Heizungen diese Option in Hamburg nicht verfügbar. In den fixen Ausgaben der Technologien sind alle notwendigen Komponenten der Raumwärme- und Warmwasserbereitstellung, wie Hausübergabestation bzw. Wärmeerzeuger und –verteilung sowie die Installationsausgaben berücksichtigt. Bei solarthermischen Anlagen und Wärmepumpen hingegen werden nur die jeweils notwendigen zusätzlichen Anlagenbestandteile angesetzt, da die Ausgaben für die Wärmeverteilung bereits bei den Anlagen zur Spitzenlastabdeckung berücksichtigt werden. Die variablen Ausgaben aller hier berücksichtigten Technologien zur Niedertemperaturwärmebereitstellung fallen in einer vernachlässigbaren Größenordnung an und werden daher nicht berücksichtigt. Im Falle der solarthermischen Wärmeerzeugung ist zu beachten, daß die verfügbaren Dachflächen begrenzt sind und die solarthermische insoweit mit einer photovoltaischen Nutzung konkurriert. Für die solarthermische Nutzung ist ein Flächenbedarf von 2 m^2/kW_{th} zu veranschlagen, wobei nutzbare Gebäudedachflächen in einer Größenordnung von etwa 28,9 Mio. m^2 in Schleswig-Holstein sowie 16,1 Mio. m^2 in Hamburg verfügbar sind[103].

[103] Vgl. EWU (Kennziffern 1999), S. 264 ff. und WIESE / KALTSCHMITT (Solarenergie 1993), S. 31.

Niedertemperaturwärmetechnologie	Niedertemperaturwärme Schleswig-Holstein Inst. / Max. Kapazität [MW]	Min. Benutzungsdauer [h/a]	Max. Benutzungsdauer [h/a]	Nutzungsgrad [-]	Kapazitätseffekt [-]	Fixe Ausgaben [DM/MW·a]
Elektrizität Bestand	1.500	750	1.200	0,92	1,00	6.500
Erdgas Bestand	5.800	750	1.500	0,72	1,00	26.000
Mineralöl Bestand	8.400	750	1.500	0,68	1,00	32.000
Solarthermie Bestand	20	700	700	0,50	0,05	25.000
Fernwärme Bestand	2.500	750	1.500	0,85	1,00	17.000
Wärmepumpe el. Bestand	30	1.500	1.500	3,30	0,20	33.000
Elektrizität Neu	22.600	750	1.200	0,98	1,00	150.000
Erdgas Neu	10.000	750	1.500	0,98	1,00	160.000
Mineralöl Neu	9.700	750	1.500	0,95	1,00	190.000
Solarthermie Neu	14.000	700	700	0,50	0,10	210.000
Fernwärme Neu	16.500	750	1.500	0,96	1,00	130.000
Wärmepumpe el. Neu	5.300	1.500	1.500	3,50	0,25	230.000

Tabelle 3-21: Anlagen zur Bereitstellung von Niedertemperaturwärme in Schleswig-Holstein: Bestand und Zubauoptionen; Quelle: SCHLESWIG-HOLSTEIN (Energiebericht 1999), S. 20, KUGELER / PHLIPPEN (Energietechnik 1990), S. 179 ff., LUX / KALTSCHMITT (Wärmepumpen 1997), S. 75, WIESE / KALTSCHMITT (Solarenergie 1993), S. 19 ff., CREUZBURG (Solarenergie 2000), S. 12 f., EWU (Kennziffern 1999), RWE (Energieflußbild 1995) sowie eigene Berechnungen

	Niedertemperaturwärme Hamburg					
	Inst. / Max. Kapazität	**Min. Benutzungsdauer**	**Max. Benutzungsdauer**	**Nutzungsgrad**	**Kapazitätseffekt**	**Fixe Ausgaben**
Niedertemperaturwärme-Technologie	[MW]	[h/a]	[h/a]	[-]	[-]	[DM/ MW·a]
Elektrizität Bestand	1.700	750	1.200	0,92	1,00	6.500
Erdgas Bestand	5.400	750	1.500	0,72	1,00	26.000
Mineralöl Bestand	2.900	750	1.500	0,68	1,00	32.000
Solarthermie Bestand	10	700	700	0,50	0,05	25.000
Fernwärme Bestand	2.300	750	1.500	0,85	1,00	17.000
Wärmepumpe el. Bestand	20	1.500	1.500	3,30	0,20	33.000
Erdgas Neu	4.900	700	1.500	0,98	1,00	160.000
Mineralöl Neu	8.800	750	1.500	0,95	1,00	190.000
Solarthermie Neu	7.800	750	700	0,50	0,10	210.000
Fernwärme Neu	9.700	750	1.500	0,96	1,00	130.000
Wärmepumpe el. Neu	3.500	1.500	1.500	3,50	0,25	230.000

Tabelle 3-22: Anlagen zur Bereitstellung von Niedertemperaturwärme in Hamburg: Bestand und Zubauoptionen; Quelle: KRUPP (Auskunft 2000), KUGELER / PHLIPPEN (Energietechnik 1990), S. 179 ff., LUX / KALTSCHMITT (Wärmepumpen 1997), S. 75, WIESE / KALTSCHMITT (Solarenergie 1993), S. 19 ff., CREUZBURG (Solarenergie 2000), S. 12 f., EWU (Kennziffern 1999), RWE (Energieflußbild 1995) sowie eigene Berechnungen

3.4.2. Hochtemperaturwärme

Der Hochtemperaturwärmebedarf fällt mit einem Anteil von knapp 86% zum überwiegenden Teil als Prozeßwärmebedarf in der Industrie an, insbesondere in den energieintensiven Branchen Grundstoff- und Produktionsgüter sowie Nahrungs- und Genußmittel. Das benötigte Temperaturniveau beschränkt die Auswahl der verwendbaren Endenergieträger auf den Einsatz von Elektrizität und die Verbrennung von Erdgas und Mineralölprodukten. Eine weitere Differenzierung von einzelnen Umwandlungstechnologien je Endenergieträger soll nicht erfolgen und erscheint im Sinne eines konsistenten Aggregationsniveaus auch nicht als zweckmäßig.

Aufgrund des vornehmlich im verarbeitenden Gewerbe anfallenden Hochtemperaturwärmebedarfs ist die zeitliche Struktur der Nachfrage durch einen im Vergleich zur Niedertemperaturwärme weitaus gleichmäßigeren Verlauf und entsprechend höhere jährliche Benutzungsdauern gekennzeichnet. Weiterhin sind die spezifischen Investitionsausgaben deutlich niedriger, da die vergleichsweise leistungsstarken industriellen Anlagen von einer starken Degression der spezifischen Investitionsausgaben mit steigender Anlagengröße profitieren.

	Hochtemperaturwärme Schleswig-Holstein				
	Inst. / Max. Kapazität	**Min. Benutzungsdauer**	**Max. Benutzungsdauer**	**Nutzungsgrad**	**Fixe Ausgaben**
Hochtemperaturwärme-Technologie	[MW]	[h/a]	[h/a]	[-]	[DM/MW·a]
Elektrizität Bestand	350	3.500	3.500	0,58	3.200
Erdgas Bestand	1.100	0	3.500	0,56	6.000
Mineralöl Bestand	550	0	3.500	0,54	7.700
Elektrizität Neu	2.000	3.500	3.500	0,80	20.000
Erdgas Neu	2.000	0	3.500	0,76	27.000
Mineralöl Neu	2.000	0	3.500	0,74	31.000

Tabelle 3-23: Anlagen zur Bereitstellung von Hochtemperaturwärme in Schleswig-Holstein: Bestand und Zubauoptionen; Quelle: EWU (Kennziffern 1999), RWE (Energieflußbild 1995) sowie eigene Berechnungen

Aus technologischen Gründen ist keine vollständige Substituierbarkeit der hier berücksichtigten Energieträger gegeben, insbesondere sind Stromanwendungen in vielen Bereichen nicht durch Erdgas oder Mineralöl zu ersetzen. In entsprechenden Modellrestriktionen wird diesem Umstand durch die Berücksichtigung von Mindestkapazitäten Rechnung getragen. Zusätzlich muß analog zur Vorgehensweise bei Niedertemperaturwärmeanlagen mit technologiespezifischen Mindestbenutzungsdauern der Einsatz dieser Kapazitäten gegebenenfalls erzwungen werden.

In Tabelle 3-23 für Schleswig-Holstein sowie in Tabelle 3-24 für Hamburg sind die im Planungsjahr voraussichtlich vorhandenen und zukünftig einsetzbaren Technologien zur Hochtemperaturwärmebereitstellung aufgeführt.

	Hochtemperaturwärme Hamburg				
	Inst. / Max. Kapazität	**Min. Benutzungsdauer**	**Max. Benutzungsdauer**	**Nutzungsgrad**	**Fixe Ausgaben**
Hochtemperaturwärme-Technologie	[MW]	[h/a]	[h/a]	[-]	[DM/MW·a]
Elektrizität Bestand	490	3.500	3.500	0,58	3.200
Erdgas Bestand	750	0	3.500	0,56	6.000
Mineralöl Bestand	120	0	3.500	0,54	7.700
Elektrizität Neu	1.500	3.500	3.500	0,80	20.000
Erdgas Neu	1.500	0	3.500	0,76	27.000
Mineralöl Neu	1.500	0	3.500	0,74	31.000

Tabelle 3-24: Anlagen zur Bereitstellung von Hochtemperaturwärme in Hamburg: Bestand und Zubauoptionen; Quelle: EWU (Kennziffern 1999), RWE (Energieflußbild 1995) sowie eigene Berechnungen

3.4.3. Mechanische Energie, Beleuchtung sowie Informations- und Kommunikationsanwendungen

Die Bereitstellungsoptionen zur Deckung der Nachfrage nach den Nutzenergiearten Mechanische Energie, Beleuchtung sowie Informations- und Kommunikationsanwendungen sollen ebenfalls nach den verwendeten Endenergieträgern differenziert werden. Die Anwendungen Beleuchtung sowie Information und Kommunikation sind ausschließlich an den Einsatz des Endenergieträgers Elektrizität gebunden, die Bereitstellung mechanischer Energie in mobilen Anlagen kann respektive muß hingegen im Verbrauchssektor Gewerbe, Handel und Dienstleistungen zusätzlich mit Kraftstoffen erfolgen.

Im Bereich der Beleuchtung wird unterstellt, daß zukünftig ausschließlich die auch heute schon wirtschaftlich vorteilhaften (Kompakt-) Leuchtstoffröhren oder andere „Energiesparleuchten“ mit verbesserten Wirkungsgraden und verlängerten Lebensdauern zum Einsatz kommen werden. Der Anwendungsbereich Information und Kommunikation wird hingegen nur selten im Zusammenhang mit dem ihm zurechenbaren Energieverbrauch wahrgenommen, da dieser in einer vergleichsweise kleinen Größenordnung anfällt und die letztlich gewünschte Energiedienstleistung hier als solche kaum erkennbar ist. Die Einordnung in die gewählte Systematik ist denn auch nur aufgrund von entsprechenden Konventionen der Energiestatistik zu rechtfertigen[104].

Zur Bereitstellung von mechanischer Energie werden überwiegend Elektromotoren eingesetzt, wobei insbesondere im gewerblichem Bereich durch eine optimierte Dimensionierung der Anschlußleistung und die Verwendung moderner Schaltungstechnik zukünftig erhebliche Einsparungen erzielt werden können. Neben dem geringeren Stromverbrauch wird im Rahmen der üblichen Sondervertragsregelungen von den Energieversorgungsunternehmen eine verminderte Leistungsaufnahme zusätzlich honoriert, da die abrechnungsrelevanten Leistungsspitzen gesenkt werden können. Neben den elektromotorischen Antrieben sind jedoch insbesondere in der Land- und Forstwirtschaft eine größere Anzahl von mobilen Anlagen zur Bereitstellung mechanischer Energie aus Verbrennungsmotoren zu berücksichtigen, die absehbar nicht durch den Einsatz von elektrischem Strom substituiert werden können.

---

[104] Vgl. RWE (Energieflußbild 1995).

	Sonstige Nutzenergie Schleswig-Holstein				
	Inst. / Max. Kapazität	**Min. Benutzungsdauer**	**Max. Benutzungsdauer**	**Nutzungsgrad**	**Fixe Ausgaben**
Nutzenergieart und -Technologie	[MW]	[h/a]	[h/a]	[-]	[DM/MW·a]
Beleuchtung					
Elektrizität Bestand	200	0	2.000	0,15	0
Elektrizität Neu	1.000	0	2.000	0,35	600.000
Information und Kommunikation					
Elektrizität Bestand	450	0	2.200	0,77	75.000
Elektrizität Neu	1.000	0	2.200	0,85	1.500.000
Mechanische Energie					
Elektrizität Bestand	2.900	0	1.800	0,61	1.500
Elektrizität Neu	5.000	0	1.800	0,75	25.000
Mineralöl Bestand	1.400	1.200	1.200	0,38	6.000
Mineralöl Neu	5.000	1.200	1.200	0,45	40.000

Tabelle 3-25: Anlagen zur Bereitstellung sonstiger Nutzenergiebedarfe in Schleswig-Holstein: Bestand und Zubauoptionen; Quelle: Schleswig-Holstein (Energieversorgung 1993), S. 255 ff., EWU (Kennziffern 1999), RWE (Energieflußbild 1995) sowie eigene Berechnungen

Die in Tabelle 3-25 für Schleswig-Holstein bzw. in Tabelle 3-26 für Hamburg dargelegten Anlagenbestände und zukünftigen Handlungsmöglichkeiten in den Anwendungsbereichen Mechanische Energie, Beleuchtung sowie Informations- und Kommunikation unterscheiden sich nur hinsichtlich der Größe der installierten bzw. maximal zukünftig installierbaren Kapazitäten. Die Benutzungsdauern, Wirkungsgrade und spezifischen fixen Ausgaben wurden für das Untersuchungsgebiet als identisch unterstellt.

	Sonstige Nutzenergie Hamburg				
	Inst. / Max. Kapazität	**Min. Benutzungsdauer**	**Max. Benutzungsdauer**	**Nutzungsgrad**	**Fixe Ausgaben**
Nutzenergieart und -Technologie	[MW]	[h/a]	[h/a]	[-]	[DM/MW·a]
Beleuchtung					
Elektrizität Bestand	20	0	2.000	0,15	0
Elektrizität Neu	100	0	2.000	0,35	600.000
Information und Kommunikation					
Elektrizität Bestand	200	0	2.200	0,77	75.000
Elektrizität Neu	1.000	0	2.200	0,85	1.500.000
Mechanische Energie					
Elektrizität Bestand	1.400	0	1.800	0,61	1.500
Elektrizität Neu	4.000	0	1.800	0,75	25.000
Mineralöl Bestand	220	1.200	1.200	0,38	6.000
Mineralöl Neu	4.000	1.200	1.200	0,45	40.000

Tabelle 3-26: Anlagen zur Bereitstellung sonstiger Nutzenergiebedarfe in Hamburg: Bestand und Zubauoptionen; Quelle: EWU (Kennziffern 1999), RWE (Energieflußbild 1995) sowie eigene Berechnungen

3.5. Überregionaler und internationaler Stromhandel

Die europäischen Elektrizitätsverbundnetze wurden in der Vergangenheit primär unter der Zielsetzung einer Erhöhung der Versorgungssicherheit stetig ausgebaut und vorwiegend für kurzfristige Regelzwecke sowie zum Ausgleich mittelfristiger Lastschwankungen und Störungen im Kraftwerkspark eingesetzt. Die Bedeutung des überregionalen bzw. internationalen Stromhandels hatte, gemessen an der europaweiten Elektrizitätserzeugung, einen vergleichsweise unbedeutenden Charakter. Der Umfang des für das Untersuchungsgebiet relevanten Netzes der *Union pour la coordination de la production et du transport de l'électricité* (UCPTE) sowie der weiteren frequenzsynchronen Gebiete in Europa können Abbildung 3-4 entnommen werden. Eine Erweiterung des UCPTE-Netzes um die mittelosteuropäischen Länder steht nach erfolgreichem Abschluß eines mehrjährigen Probebetriebes bevor; weitere Regionen sind bereits mit Hochspannungsgleichstromkupplungen bzw. -leitungen verbunden.

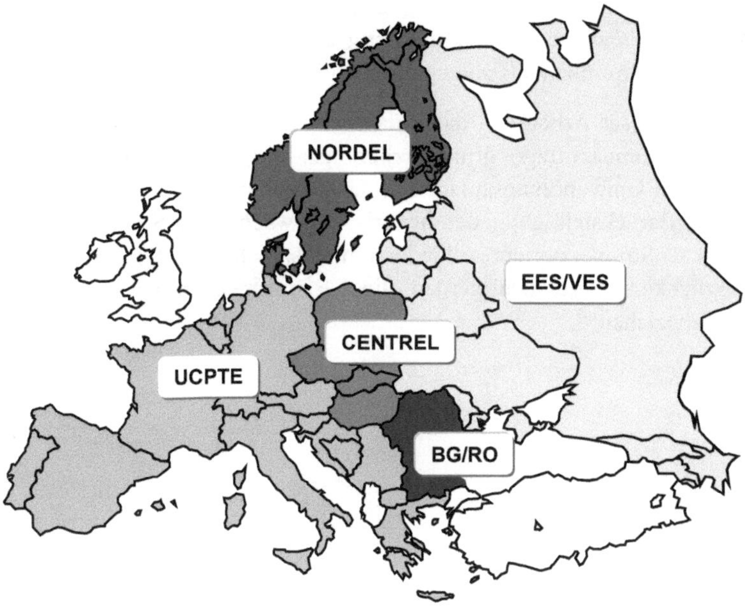

Abbildung 3-4: Frequenzsynchrone Gebiete in Europa, nach: DVG (Jahresbericht 1997), S. 29

Die Folgen der Deregulierung des europäischen Elektrizitätsmarktes in Form einer Einrichtung von „Trading Floors" durch alle größeren Energieversorgungsunternehmen, das Auftreten reiner Stromhändler ohne eigene Erzeugungskapazitäten, die Etablierung von Spot- und Terminmärkten, die Eröffnung von Strombörsen sowie der Aufbau eines Handels mit Derivaten begründen die Prognose einer zukünftigen Ausweitung des Stromhandelsvolumens. Langfristig ist jedoch aus mehreren Gründen eine zwar spürbare, aber keineswegs eine massive Ausweitung des Stromhandelsvolumens zu erwarten: Zum einen bleiben die Netzbetreiber auch im deregulierten Markt für Netzstabilität und Wiederaufbau nach Großstörungen in ihren Netzbezirken verantwortlich und müssen zu diesem Zweck innerhalb der Region Zugriff auf geeignete regel- bzw. schwarzstartfähige Anlagen haben[105]. Zum anderen wird argumentiert, daß unter den harmonisierten Rahmenbedingungen des europäischen Binnenmarktes auf mittlere Sicht der bereits begonnene Abbau bestehender Überkapazitäten fortschreiten und eine Angleichung der Kostenstrukturen in der Elektrizitätserzeugung zu verzeichnen sein wird. Somit werden bei dann vergleichbaren Stromerzeugungskosten die nicht unerheblichen Transportkosten und -verluste wieder an Bedeutung gewinnen und mittelfristig einer signifikanten Ausweitung des großräumigen Stromhandels entgegenstehen[106].

Im Rahmen dieser Arbeit soll daher davon ausgegangen werden, daß die Dekkung der Stromnachfrage grundsätzlich aus den oben beschriebenen, verbrauchsnahen Umwandlungsanlagen im Untersuchungsgebiet selbst erfolgt. Zur fallweisen Berücksichtigung der historisch gewachsenen Stellung Schleswig-Holsteins als Stromexporteur soll jedoch in entsprechenden Szenariorechnungen die Möglichkeit vorgesehen werden, diese Exportmengen als zusätzlichen Bedarf einzubeziehen[107].

---

[105] Ein Kraftwerk wird als schwarzstartfähig bezeichnet, wenn es netzunabhängig angefahren werden kann.

[106] Vgl. HOSTER (Binnenmarkt 1996), S. 164 f., PFAFFENBERGER ET AL. (Binnenmarkt 1992), S. 102 ff., SCHMITT (Kernenergieausstieg 1999), S. 8 f. und RISTAU (Strombörsen 1999).

[107] Zu den saldierten Import- bzw. Exportmengen im Untersuchungsgebiet siehe Abschnitte 2.2.1 und 2.2.2.

4. DAS ENERGIEWIRTSCHAFTLICHE PLANUNGSMODELL *NORDEV*

4.1. Modellkonzept und Zielsystem

Zur modellgestützten Planung und Untersuchung von Energieversorgungssystemen werden je nach Erkenntnisziel grundsätzlich zwei Kategorien von Modellkonzepten unterschieden[108]:

- Einerseits die makroökonomische Top-down-Modellierung sogenannter *Energiewirtschaftsmodelle* auf vergleichsweise hohem Aggregationsniveau unter Berücksichtigung der Verflechtungen aller weiteren volkswirtschaftlichen Sektoren mit der Energiewirtschaft. Die Nachfrage nach Energiedienstleistungen wird modellendogen unter Berücksichtigung der gesamtwirtschaftlichen Verflechtungen sowie von Preis-Absatz-Relationen, insbesondere von Kreuzpreiselastizitäten konkurrierender Technologien bzw. Energieträger, berechnet.
- Andererseits die prozeßorientierte Bottom-up-Modellierung sogenannter *Energiesystemmodelle* mit einer vergleichsweise niedrig aggregierten Abbildung der Umwandlungstechnologien. Das Energieversorgungssystem wird hier als Kette einzelner Energieumwandlungen modelliert, wobei die Nutzenergiebedarfe als modellexogene Parameter den Planungsrechnungen vorgegeben werden. Die Energiesystemmodelle werden vielfach um Umweltmodule zur Berücksichtigung von Emissions- bzw. Immissionsbeschränkungen zu sogenannten Energie-Umwelt-Modellen oder Energie-Emissions-Modellen erweitert.

Zur problemadäquaten Behandlung der dieser Arbeit zugrundeliegenden Fragestellungen wurde das Energieversorgungssystem der Untersuchungsregion gemäß der letztgenannten Vorgehensweise unter Berücksichtigung der CO_2-Emissionen als prozeßorientiertes Energie-Umwelt-Modell abgebildet. Aufgrund der hohen Komplexität der technisch-ökonomischen Zusammenhänge bedingt selbst eine modellhafte Abbildung des Energieversorgungssystems die

---

[108] Zur Typologie von Energiemodellen siehe SCHLENZIG (PlaNet 1997), S. 49ff., VOSS (Energiemodelle 1997), S. 4 f., LÜTH (Energieversorgung 1997), S. 7 ff. und HANICKE (Energieversorgungsplanung 1986), S. 27 ff.; ein Ansatz zur Synthese beider hier unterschiedenen Kategorien findet sich bei WIETSCHEL (Energieversorgung 1995).

Berücksichtigung einer „Fülle an Restriktionen“[109], welche im einzelnen weiter unten in der Beschreibung der Modellformulierung vorgestellt werden. Einen Überblick der im Modell ***NORDEV***[110] berücksichtigten Umwandlungstechnologien und Energieflüsse zeigt die nebenstehende Abbildung 4-1.

Bei der Festlegung eines im Sinne des Erkenntnisziels und des gewählten Modellkonzepts operationalisierten Zielsystems der Planungsrechnungen wird auf das bereits in Abschnitt 1.2.1 vorgestellte Zieldreieck der Energiewirtschaft rekurriert. Auch weiterhin werden die Zielgrößen Wirtschaftlichkeit, Versorgungssicherheit und Umweltverträglichkeit, nicht zuletzt aufgrund der Verankerung im Gesetzeszweck des Energiewirtschaftsgesetzes, als Entscheidungsmaßstäbe in der Energiewirtschaft fungieren[111]. Das Zielsystem der Planungsrechnungen ist somit festgelegt, wenngleich die einzelnen Zielvorschriften in dieser allgemeinen Form einer Operationalisierung bedürfen.

Besonders problematisch erweist sich hierbei die Festlegung eines geeigneten und transparenten Maßstabes für die Bewertung der Versorgungssicherheit eines Energieversorgungssystems: Die Definition einer jedweden Maßgröße der Versorgungssicherheit bedingt die Setzung von entsprechenden Bewertungen für einzelne Energieträger respektive Technologien. In Anbetracht dieser Problematik wurde für das weitere Vorgehen auf eine explizite Bewertung der Versorgungssicherheit verzichtet. Statt dessen sollen die Einsatzmengen der Primärenergieträger und die zugrundeliegenden Technologiestrukturen als ein Teilergebnis der Planungsrechnungen ausgewiesen werden. Der Leser kann anhand dieser Ergebnisse die einzelnen Versorgungsstrategien hinsichtlich des Vorliegens eines für ihn akzeptablen Energie- bzw. Technologie-Mixes bewerten.

Als ähnlich schwierig erweist sich die Festlegung einer Maßgröße der Umweltverträglichkeit einer Versorgungsstrategie. Die Verwendung kombinierter „Emissionsindices“ mit Bewertungen der relativen Umweltgefährdung der zurechenbaren Schadstoffemissionen nach Maßgabe irgendwelcher Grenzwerte ist jedenfalls als intransparent und naturwissenschaftlich zweifelhaft abzulehnen.

---

[109] ALTROGGE (Investition und Umwelt 1998), S. 285

[110] NORDdeutsche EnergieVersorgung

[111] Vgl. MÜLLER (Energiepolitik 1999).

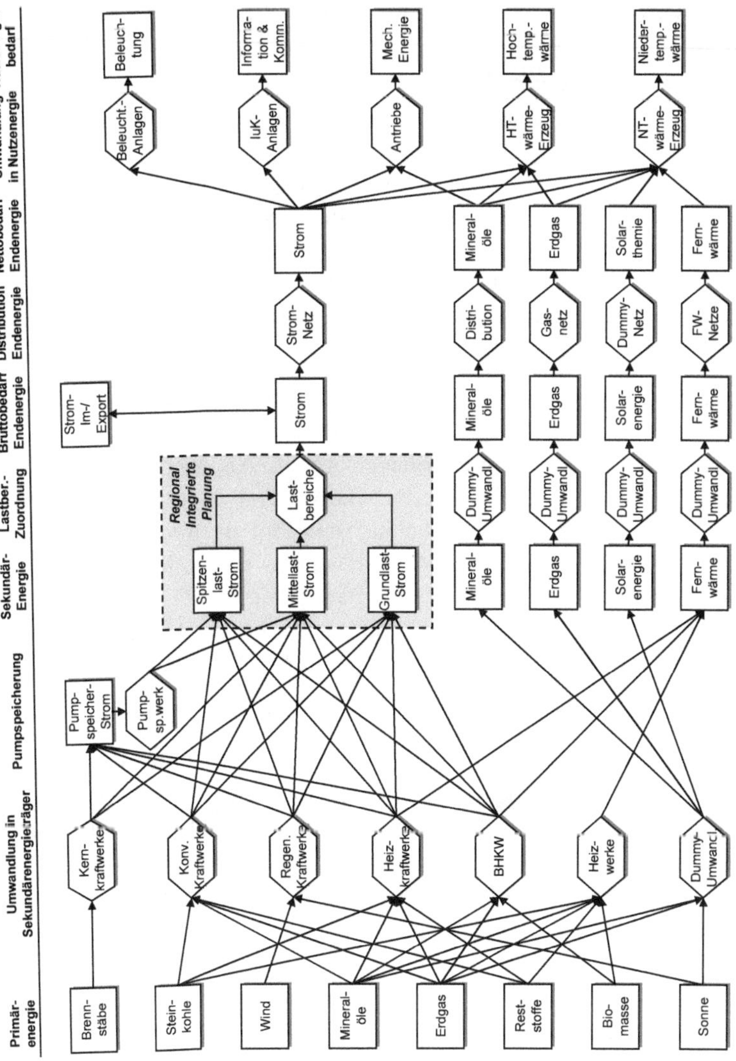

Abbildung 4-1: Überblick der Umwandlungsketten im Energie-Emissions-Modell ***NORDEV***

Die Unzulänglichkeit dieses Ansatzes wird besonders deutlich, wenn neben allen möglichen Luftschadstoffen auch die Gefährdungspotentiale der Kernenergienutzung sowie der CO_2-Emissionen einbezogen werden sollen. Vor diesem Hintergrund und auch wegen der bereits in der Vergangenheit stark zurückgegangenen Belastung durch die klassischen Luftschadstoffe sollen diese aus der weiteren Betrachtung ausgeklammert werden, während die in der aktuellen energie- und umweltpolitischen Diskussion hinsichtlich ihrer Klimawirkung problematisierten CO_2-Emissionen sowie der Kernenergieeinsatz jeweils separat in entsprechenden Strategie-Szenarien berücksichtigt werden[112]. Dieses Vorgehen bietet ein höchstmögliches Maß an Transparenz, indem die Konsequenzen bestimmter Strategie-Szenarien, beispielsweise hinsichtlich eines Verzichts auf die Nutzung der Kernenergie, aufgezeigt werden, während die Bewertung der Ergebnisse dem Leser überlassen bleibt.

Die ursprüngliche Mehrzielproblematik des Zieldreiecks der Energiewirtschaft läßt sich somit auf eine einzige verbleibende Zielgröße reduzieren, nämlich auf das Ziel einer preisgünstigen Energieversorgung. Als operationales Wirtschaftlichkeitskriterium soll die Summe der Barwerte aller der Planungsperiode, in diesem Fall dem Jahr 2010, entscheidungsrelevant zuzurechnenden Auszahlungen verwendet werden. Laufende Auszahlungen werden hierbei in jährlich konstanter Höhe unterstellt und bereits als Barwerte interpretiert[113]. In Abschnitt 1 wurden zu diesem Zweck die Investitionsausgaben für Anlagen unter Berücksichtigung eines einheitlichen, in Höhe von 8,5% p.a. festgelegten Kalkulationszinssatzes und der jeweiligen Nutzungsdauer mittels des entsprechenden Wiedergewinnungsfaktors in eine Annuität überführt[114]. In den Annuitäten sind über das Konstrukt einer fiktiven Anschaffungsausgabe die Barwerte aller der Investition zuzurechnenden, nicht-periodischen Auszahlungen von der eigentlichen Investitionsausgabe bis zu den gegebenenfalls anfallenden Abrißausgaben enthalten. Zusätzlich wurden zur Ermittlung von spezifischen fixen Ausgaben, die auf eine installierte Kapazitätseinheit bezogen sind, alle weiteren leistungsabhängigen Ausgaben, wie beispielsweise für Personal und Wartung, berücksich-

[112] Vgl. Abschnitt 1.1.1.

[113] Die Festlegung des Wirtschaftlichkeitskriteriums erfolgte in Anlehnung an READWIN (Planungsmodell 1985), S. 45 ff.

[114] Vgl. das in Abbildung 3-1 dargestellte Rechenschema.

tigt. Daneben wurden spezifische variable Ausgaben, beispielsweise für Hilfs- und Betriebsstoffe, ermittelt, so daß zur Bewertung einer Versorgungsstrategie sowohl leistungs- als auch arbeitsabhängige Ausgaben herangezogen werden.

Die Berücksichtigung des zum Planungszeitpunkt voraussichtlich vorhandenen Anlagenbestands erfolgt ohne Berücksichtigung von nicht entscheidungsrelevanten „sunk costs", dies sind die zeitanteiligen Anschaffungsausgaben bestehender Anlagen, welche die eigentlichen Investitionsausgaben sowie wie gegebenenfalls erst später anfallende Abrißkosten umfassen.

4.2. Modellierungsumgebung und verwendete Notation

Die Formulierung des Energieversorgungssystems der Region Hamburg und Schleswig-Holstein als Mixed Integer Programming (MIP) - Modell und die Durchführung der Planungsrechnungen wurde mittels der integrierten Modellierungs- und Solver-Software LINGO 3.1[115] vorgenommen, wobei zur Dateneingabe und Auswertung der Planungsrechnungen zusätzlich ein Tabellenkalkulationsprogramm eingesetzt wurde. Die Problemmatrix des in den nachfolgenden Abschnitten beschriebenen Planungsmodells umfaßt etwa 760 Entscheidungsvariablen sowie 610 Restriktionen und ist mit knapp 3.400 „Nonzeros" besetzt. Weiterhin wurde durch die diskrete Abbildung der Kernkraftwerke mit realistischen Blockgrößen sowie die Einführung von Reihenfolgebedingungen zur Abbildung der Elektrizitätserzeugung aus zeitlich fluktuierender Einspeisung eine Erweiterung des linearen Planungsmodells um gut 20 Binärvariablen notwendig.

Die in Abschnitt 1 festgelegten technischen und wirtschaftlichen Größen zur Charakterisierung der Umwandlungstechnologien und der Energieträger sowie die Nutzenergiebedarfe der Planungsregionen gehen in Form exogener Parameter in die Formulierung des Planungsmodells ein. Nach den Konventionen der verwendeten Modellierungssoftware wurden diese Parameter ebenso wie die Entscheidungsvariablen des Modells durch ein- bzw. mehrdimensionale Indexmengen, sogenannte „Sets", als Attribute auf der jeweils korrespondierenden Menge von Technologien respektive Energieträgern definiert, wodurch später

---

115 Zum Leistungsumfang der Software und zu Details der verwendeten Notation siehe LINDO (Solver Suite 1996), S. 165 ff.

eine übersichtliche Formulierung von Zielfunktion und Nebenbedingungen ermöglicht wird.

Die allgemeine Syntax zur Definition einfacher Sets lautet:

```
SETNAME / ELEMENTE / [:ATTRIBUT1, ATTRIBUT2, ...];
```

Das Beispiel des im Planungsmodell eingesetzten Sekundärenergieträgers Elektrizität möge die Notation verdeutlichen:

```
ELE / EL_GL, EL_ML, EL_SL /: ELP_HPA, ELP_RES;
```

Das Set **ELE** enthält die Menge der im Modell berücksichtigten Lastbereiche der Elektrizitätsnachfrage. Hierbei handelt es sich um Grund-, Mittel- und Spitzenlaststrom (**EL_GL, EL_ML, EL_SL**). Als auf der Menge der Lastfälle definierte Attribute werden als exogene Parameter jedem Lastfall die jeweilige Dauer in Stunden pro Jahr (**ELP_HPA**) und ein dimensionsloser Reservefaktor (**ELP_RES**) zugeordnet.

Als Voraussetzung zur Demonstration der Verwendung abgeleiteter Mengen wird zusätzlich die Definition des einfachen Sets **REG** benötigt, welches als Elemente die in den Modellrechnungen untersuchten Länder Schleswig-Holstein (**SH**) und Hamburg (**HH**) enthält.

```
REG / SH, HH /;
```

Die Syntax zur Definition abgeleiteter mehrdimensionaler Indexmengen lautet in verkürzter Form:

```
SETNAME (SET1 [,SET2,...]) [:ATTRIBUT1, ATTRIBUT2, ...];
```

Zur Abbildung des regional unterschiedlichen Kapazitätsbedarfs pro Lastfall wird aus der Kombination der Sets **ELE** und **REG** das abgeleitete Set **ELE_REG** definiert. Als Attribut wird der als Ergebnis der Planungsrechnungen zu ermittelnde Kapazitätsbedarf **ELV_KAP** jeder derart festgelegten Kombination von Lastfall und Region zugeordnet:

```
ELE_REG (ELE, REG): ELV_KAP;
```

Am vorgenannten Beispiel soll auch die durchgängig anhand der dritten Stelle der Bezeichnung vorgenommene Unterscheidung der Attribute hinsichtlich ihrer Bedeutung als exogener Parameter oder Entscheidungsvariable gezeigt werden:

```
xxV_xxx = Entscheidungsvariable
xxP_xxx = Parameter
```

Neben der Vorgehensweise zur Definition von Indexmengen sollen die im Rahmen der Formulierung des Planungsmodells ***NORDEV*** verwendeten Operatoren und Funktionen kurz vorgestellt werden, sofern es sich nicht um allgemein gebräuchliche bzw. selbsterklärende Symbole handelt. Grundsätzlich gilt hierbei:

- Die Formulierung von Bedingungen zur Auswahl von Setelementen, beispielsweise für Summationen, geschieht mittels der Vergleichsoperatoren
    - ***#EQ#*** (gleich),
    - ***#NE#*** (ungleich),
    - ***#GT#*** (größer),
    - ***#GE#*** (größer oder gleich),
    - ***#LT#*** (kleiner) und
    - ***#LE#*** (kleiner oder gleich) sowie der logischen Operatoren
    - ***#AND#*** (logisches und),
    - ***#OR#*** (logisches oder) und
    - ***#NOT#*** (Negation).
- Zur Erzielung einer besseren Lesbarkeit der Lösung wurde vor jeder zeilenerzeugenden Anweisung im Modell ein in eckige Klammern zu setzender ***[ZEILENNAME]*** angegeben.
- Allen Funktionen wird ein einleitendes ***@***-Zeichen vorangestellt.

Die Funktion ***@FOR*** generiert für jedes Element des angegebenen Sets eine Nebenbedingung. Wird optional eine ***BEDINGUNG*** formuliert, so wird nur für jene Elemente, welche die Bedingung erfüllen, eine Restriktion erzeugt.

```
@FOR (SETNAME [| BEDINGUNG]: NEBENBEDINGUNG);
```

Die ***@SUM***-Funktion liefert die Summe des Ausdrucks über dem spezifizierten Set, wobei wiederum optional eine ***BEDINGUNG*** zur Auswahl der bei der Summation zu berücksichtigenden Elemente angegeben werden kann.

```
@SUM (SETNAME [| BEDINGUNG]: AUSDRUCK);
```

@SIZE liefert die Mächtigkeit des angegebenen Sets zurück, wobei auch hier optional eine ***BEDINGUNG*** berücksichtigt werden kann.

```
@SIZE (SETNAME [| BEDINGUNG]);
```

Die Funktion ***@BND*** setzt für die angegebene ***VARIABLE*** Beschränkungen in Form einer ***UNTERGRENZE*** und einer ***OBERGRENZE*** fest. Eine Nichtnegativitätsbedingung wird bereits standardmäßig für alle Variablen berücksichtigt.

```
@BND (UNTERGRENZE, VARIABLE, OBERGRENZE);
```

Durch die Funktion ***@BIN*** wird eine ***VARIABLE*** als Binärvariable erklärt.

```
@BIN (VARIABLE);
```

Die vorstehend beschriebenen Funktionen können verschachtelt werden, so daß beispielsweise die Funktionen ***@BND*** oder ***@BIN*** mittels einer ***@FOR***-Anweisung auf alle innerhalb eines Sets definierten Variablen angewendet werden.

4.3. Modellformulierung

4.3.1. Nebenbedingungen

Die Beschreibung der in der Modellierungssprache LINGO 3.1 formulierten Restriktionen des Planungsmodells beginnt mit dem Nutzenergiebereich und führt über die Bereitstellung von End- und Sekundärenergieträgern im Umwandlungssektor bis zum Primärenergieeinsatz und den daraus resultierenden CO_2-Emissionen. Die Bedeutung der in den Nebenbedingungen und weiter unten in der Zielfunktion verwendeten Symbole ist dem im Anhang enthaltenen Symbolverzeichnis zu entnehmen.

Nutzenergie

```
! R01 - Nutzenergie: Deckung der Nutzenergienachfrage;
! -------------------------------------------------------------;
  @FOR( REG(R):
        @FOR( NZE(E): [NZE_BDF]
              @SUM( NZU(T) | NZP_OUT(T) #EQ# E :
                    NZV_MGE(T, R) ) >= NZP_BDF(E, R) ) );

! R02 - Nutzenergie: Max. Erzeugung je Nutzenergie-
!       Technologie;
! -------------------------------------------------------------;
  @FOR( NZU_REG(T, R): [NZE_MGE]
        NZV_KAP(T, R) * NZP_MXH(T, R) >= NZV_MGE(T, R) );
```

```
! R03 - Nutzenergie: Min. und max. Kapazität;
! ---------------------------------------------------------------;
 @FOR( NZU_REG(T, R): [NZE_KAP]
       @BND( NZP_KMN(T, R), NZV_KAP(T, R), NZP_KMX(T, R) ) );

! R04 - Niedertemperaturwärme: Leistungsbedarf unter Berück-
!       sichtigung des Kapazitätseffektes von bivalenten Sys-
!       temen mit Solarthermie bzw. Wärmepumpen;
! ---------------------------------------------------------------;
 @FOR( REG(R): [NZE_BIV]
       @SUM( NZU_REG(T, R) | NZP_OUT(T) #EQ# 5:
             NZV_KAP(T, R ) * NZP_KEF(T, R) ) >=
             NZP_BDF(NZ_NT, R) / 1500 );

! R05 - Mechanische Energie: Techn. bedingte Mindestanteile von
!       verbrennungsmotorisch betriebenen Anlagen;
! ---------------------------------------------------------------;
 @FOR( REG(R): [NZE_MEC]
       NZV_KAP( MEB_MO, R) + NZV_KAP( MEN_MO, R) >=
             0.50 * NZP_KMX( MEB_MO, R) );

! R06 - Hochtemperaturwärme: Techn. bedingte Mindestanteile von
!       elektrisch beheizten Anlagen;
! ---------------------------------------------------------------;
 @FOR( REG(R): [NZE_HTW]
       NZV_KAP( HTB_EL, R) + NZV_KAP( HTN_EL, R) >=
             0.50 * NZP_KMX( HTB_EL, R) );

! R07 - Nutzenergie: Mindesterzeugung je Technologie als Ergän-
!       zung der begrenzten Jahresdeckungsanteile bival. Sys-
!       teme sowie weiterer techn. bedingter Mindestanteile;
! ---------------------------------------------------------------;
 @FOR( NZU_REG(T, R): [NZE_MIN]
       NZV_MGE(T, R) >= NZV_KAP(T, R) * NZP_MNH(T, R) );
```

Endenergie

```
! R08 - Endenergie: Netto-Endenergiebedarf aus Nutzenergie-
!       menge;
! ---------------------------------------------------------------;
 @FOR( REG(R):
       @FOR( END(E): [END_NET]
             @SUM( NZU(T) | NZP_INP(T) #EQ# E :
       NZV_MGE(T, R) / NZP_NGD(T, R) ) <= ENV_NET(E, R) ) );
```

```
! R09 - Endenergieträger-Distribution: Distributionsmengen aus
!       Netto-Endenergiebedarf;
! ------------------------------------------------------------;
  @FOR( REG(R):
        @FOR( END(E): [DST_MGE]
              @SUM( DST(T) | DSP_INP(T) #EQ# E :
                    DSV_MGE(T, R) ) >= ENV_NET(E, R) ) );

! R10 - Endenergieträger-Distribution: Verteilungsverluste und
!       Import-/Exportsalden zur Ermittlung des Brutto-Endener-
!       giebedarfs
! ------------------------------------------------------------;
  @FOR( REG(R):
        @FOR( END(E): [END_BRT]
              @SUM( DST(T) | DSP_INP(T) #EQ# E :
                    DSV_MGE(T, R) * (1 / DSP_NGD(T, R) ) )
                    + ENP_EXP(E, R) <= ENV_BRT(E, R) ) );

! R11 - Endenergieträger-Distribution: Max. Mengen;
! ------------------------------------------------------------;
  @FOR( REG(R):
        @FOR( DST(N): [DST_KAP] DSV_KAP(N, R) * DSP_MXH(N, R)
              >= DSV_MGE(N, R) ) );

! R12 - Endenergieträger-Distribution: (Netz-) Kapazität;
! ------------------------------------------------------------;
  @FOR( REG(R):
        @FOR( DST(N): [DST_KAP]
              @BND( DSP_KMN(N, R), DSV_KAP(N, R),
                    DSP_KMX(N, R) ) ) );
```

Sekundärenergie

```
! R13 - Sekundärenergie: Zuordnung Endenergiebedarf zu
!       Sekundärenergiemenge unter Berücksichtigung der
!       Lastbereiche bei Elektrizität;
! ------------------------------------------------------------;
  @FOR( REG(R):
        @FOR( SEK(E):
              @FOR( END(N) | SEP_OUT(E) #EQ# N: [SEK_ANT]
                    SEP_ANT(E, R) * ENV_BRT(N, R) =
                    SEV_MGE(E, R) ) ) );
```

```
! R14 - Sekundärenergie: Kapazitätsbedarf je Lastbereich;
! ----------------------------------------------------------------;
  @FOR( REG(R):
        @FOR( ELE(L): [SEK_KAP]
              ( SEV_MGE(L, R) ) =
                    ELP_HPA(L) * ELV_KAP(L, R) ) );

! R15, R16, R17 - Sekundärenergie: Elektrizitätsversorgung
!               für alle Lastbereiche;
! ----------------------------------------------------------------;
  [EGL_MGE]     @SUM( KKW(K): KKV_EGL(K) ) +
                @SUM( KWK_REG(T, R): KWV_EGL(T, R) ) +
                @SUM( FLX_REG(T, R): FLV_EGL(T, R) ) +
                @SUM( HKW_REG(T, R): HKV_EGL(T, R) ) +
                @SUM( BKW_REG(T, R): BKV_EGL(T, R) ) =
                SEV_MGE(SE_GL, SH) + SEV_MGE(SE_GL, HH);

  [EML_MGE]     @SUM( KKW(K): KKV_EML(K) ) +
                @SUM( KWK_REG(T, R): KWV_EML(T, R) ) +
                @SUM( FLX_REG(T, R): FLV_EML(T, R) ) +
                @SUM( HKW_REG(T, R): HKV_EML(T, R) ) +
                @SUM( BKW_REG(T, R): BKV_EML(T, R) ) +
                PSV_EML(PSP_GT) =
                SEV_MGE(SE_ML, SH) + SEV_MGE(SE_ML, HH);

  [ESL_MGE]     @SUM( KKW(K): KKV_ESL(K) ) +
                @SUM( KWK_REG(T, R): KWV_ESL(T, R) ) +
                @SUM( FLX_REG(T, R): FLV_ESL(T, R) ) +
                @SUM( HKW_REG(T, R): HKV_ESL(T, R) ) +
                @SUM( BKW_REG(T, R): BKV_ESL(T, R) ) +
                PSV_ESL(PSP_GT) =
                SEV_MGE(SE_SL, SH) + SEV_MGE(SE_SL, HH);

! R18 - Sekundärenergie: Fernwärmeversorgung;
! ----------------------------------------------------------------;
  @FOR( REG(R): [EFW_MGE]
        @SUM( HZW(T): HZV_EFW(T, R) ) +
        @SUM( HKW(T): HKV_EFW(T, R) ) +
        @SUM( BKW(T): BKV_EFW(T, R) ) >= SEV_MGE(SE_FW, R) );
```

```
! R19 - Sekundärenergie: "Dummy"-Umwandlung;
! -------------------------------------------------------------;
  @FOR( REG(R):
        @FOR( SEK(S):
              @FOR( DMY(D) | DMP_OUT(D) #EQ# S:  [DMY_MGE]
                    SEV_MGE(S, R) = DMV_MGE(D, R) ) ) );
```

Elektrizitätserzeugung

```
! R20 - Elektrizitätsversorgung: Leistungs- und Reserveanfor-
!       derungen unter Berücksichtigung der Verfügbarkeit;
! -------------------------------------------------------------;
  [ELE_KAP]   @SUM( KKW(K): KKV_KAP(K) * KKP_VFG(K) ) +
              @SUM( KWK_REG(T, R):
                    KWV_KAP(T, R) * KWP_VFG(T, R) ) +
              @SUM( FLX_REG(T, R): FLV_KRD(T, R) ) +
              @SUM( HKW_REG(T, R):
                    HKV_KAP(T, R) * HKP_VFG(T, R) ) +
              @SUM( BKW_REG(T, R): BKV_KRD(T, R) ) +
              PSV_KAP(PSP_GT) * PSP_VFG(PSP_GT) >=
              @SUM( ELE_REG(L, R):
                    ELV_KAP(L, R) * ELP_RES(L) );
```

Pumpspeicherung

```
! R21 - Pumpspeicherung: Max. Menge;
! -------------------------------------------------------------;
  [PSP_MGE]   PSV_KAP(PSP_GT) * PSP_MXH(PSP_GT) >=
                    PSV_EML(PSP_GT) + PSV_ESL(PSP_GT);

! R22 - Pumpspeicherung: Mindesterzeugung für Regelungszwecke
! -------------------------------------------------------------;
  [PSP_MIN]   PSV_KAP(PSP_GT) * PSP_MNH(PSP_GT) <=
                    PSV_EML(PSP_GT) + PSV_ESL(PSP_GT);

! R23, R24 - Pumpspeicherung: Max. Erzeugung je Lastbereich
! -------------------------------------------------------------;
  [PSP_EML]   PSV_KAP(PSP_GT) * PSP_MXM(PSP_GT) >=
                    PSV_EML(PSP_GT);

  [PSP_ESL]   PSV_KAP(PSP_GT) * PSP_MXS(PSP_GT) >=
                    PSV_ESL(PSP_GT);
```

```
! R25 - Pumpspeicherung: Min. und max. Kapazität;
! ---------------------------------------------------------------;
  [PSP_KAP]    @BND( PSP_KMN(PSP_GT), PSV_KAP(PSP_GT),
                     PSP_KMX(PSP_GT) );

! R26 - Pumpspeicherung: Pumpspeicherstrom und Nutzungsgrad;
! ---------------------------------------------------------------;
  [PSP_PST]    @SUM( KKW: KKV_EPS ) +
               @SUM( KWK_REG: KWV_EPS ) +
               @SUM( FLX_REG: FLV_EPS ) +
               @SUM( HKW_REG: HKV_EPS ) +
               @SUM( BKW_REG: BKV_EPS ) =
                     ( PSV_EML(PSP_GT) + PSV_ESL(PSP_GT) )
                     / PSP_NGD(PSP_GT);
```

Kernkraftwerke

```
! R27 - Kernkraftwerke: Binärvariable für (Nicht-)Betrieb;
! ---------------------------------------------------------------;
  @FOR( KKW: [KKW_INT] @BIN(KKV_EIN) );

! R28, R29 - Kernkraftwerke: Berücksichtigung von Vorgaben für
!              den Betrieb von KKW;
! ---------------------------------------------------------------;
  @FOR( KKW (K): [KKW_VG1] KKV_EIN(K) - KKP_VGB(K) >= 0 );

  @FOR( KKW (K): [KKW_VG2] KKV_EIN(K) - KKP_VGB(K) <= 1 );

! R30, 31 - Kernkraftwerke: Neubau Brunsbüttel bzw. Stade nur
!              bei Stillegung des vorhandenen KKW;
! ---------------------------------------------------------------;
  [KKW_1BL] KKV_EIN(ELB_BL ) + KKV_EIN(ELN_BL ) <= 1;
  [KKW_1ST] KKV_EIN(ELB_ST ) + KKV_EIN(ELN_ST ) <= 1;

! R32 - Kernkraftwerke: Kapazität berücksichtigt Blockgröße;
! ---------------------------------------------------------------;
  @FOR( KKW(K): [KKW_KAP]
        KKV_KAP(K) = KKV_EIN(K) * KKP_BLK(K) );

! R33 - Kernkraftwerke: Max. Gesamterzeugung;
! ---------------------------------------------------------------;
  @FOR( KKW(K): [KKW_MGE] KKV_KAP(K) * KKP_MXH(K) >=
        KKV_EGL(K) + KKV_EML(K) + KKV_ESL(K) + KKV_EPS(K) );
```

```
! R34, R35, R36 - Kernkraftwerke: Max. Erzeugung je Last-
!   bereich;
! ------------------------------------------------------------;
  @FOR( KKW(K): [KKW_EGL]
                  KKV_KAP(K) * KKP_MXG(K) >= KKV_EGL(K) );

  @FOR( KKW(K): [KKW_EML]
                  KKV_KAP(K) * KKP_MXM(K) >= KKV_EML(K) );

  @FOR( KKW(K): [KKW_ESL]
                  KKV_KAP(K) * KKP_MXS(K) >= KKV_ESL(K) );
```

Konventionelle thermische Kraftwerke

```
! R37 - Kraftwerke: Max. Gesamterzeugung;
! ------------------------------------------------------------;
  @FOR( KWK_REG(T, R): [KWK_MGE] KWV_KAP(T, R) * KWP_MXH(T, R)
        >= KWV_EGL(T, R) + KWV_EML(T, R) +
            KWV_ESL(T, R) + KWV_EPS(T, R) );

! R38, R39, R40 - Kraftwerke: Max. Erzeugung je Lastbereich;
! ------------------------------------------------------------;
  @FOR( KWK_REG(T, R): [KWK_EGL]
        KWV_KAP(T, R) * KWP_MXG(T, R) >= KWV_EGL(T, R) );

  @FOR( KWK_REG(T, R): [KWK_EML]
        KWV_KAP(T, R) * KWP_MXM(T, R) >= KWV_EML(T, R) );

  @FOR( KWK_REG(T, R): [KWK_ESL]
        KWV_KAP(T, R) * KWP_MXS(T, R) >= KWV_ESL(T, R) );

! R41 - Kraftwerke: Min. und max. Kapazität;
! ------------------------------------------------------------;
  @FOR( KWK_REG(T, R): [KWK_KAP]
        @BND( KWP_KMN(T, R), KWV_KAP(T, R), KWP_KMX(T, R) ) );
```

Windkraft- und Photovoltaikanlagen

```
! R42 - Wind und PV: Min. und max. Kapazität;
! ------------------------------------------------------------;
  @FOR( FLX_REG(T, R): [FLX_KAP]
        @BND( FLP_KMN(T, R), FLV_KAP(T, R), FLP_KMX(T, R) ) );
```

```
! R43 - Wind und PV: Kapazität über alle Intervalle;
! ---------------------------------------------------------;
 @FOR( FLX(T):
       @FOR( REG(R): [FLX_KIN]
             @SUM( INT(I): FLV_KIN(T, I, R) )
             = FLV_KAP(T, R) ) );

! R44, R45, R46, R47 - Wind und PV: Intervallgrenzen mit
!       Reihenfolgebedingungen;
! ---------------------------------------------------------;
 @FOR( PRE(E) | (E #GE# 6 #AND# E #LE# 7):
       @FOR( INT(I) | (I #EQ# 1): [FLX_IN1]
             @SUM( FLX_REG(T, R) | FLP_INP(T) #EQ# E:
                   FLV_KIN(T, I, R) ) <= IVP_IVB(I) ) );

 @FOR( PRE(E) | (E #GE# 6 #AND# E #LE# 7):
       @FOR( INT(I) | ( I #LE# (@SIZE( INT)-1)): [FLX_IN2]
             @SUM( FLX_REG(T, R) | FLP_INP(T) #EQ# E:
                   FLV_KIN(T, I, R) )
                   >= IVP_IVB(I) * IVV_FLX(E, I) ) );

 @FOR( PRE(E) | (E #GE# 6 #AND# E #LE# 7):
       @FOR( INT(I) | ( I #GE# 2): [FLX_IN3]
             @SUM( FLX_REG(T, R) | FLP_INP(T) #EQ# E:
                   FLV_KIN(T, I, R) )
                   <= IVP_IVB(I) * IVV_FLX(E, I-1) ) );

 @FOR( PRE(E) | (E #GE# 6 #AND# E #LE# 7):
       @FOR( INT(I): [FLX_INT] @BIN(IVV_FLX(E, I) ) ) );

! R48 - Wind und PV: Überschußstrom-Erzeugung;
! ---------------------------------------------------------;
 @FOR( FLX(T):
       @FOR( REG(R): [FLX_EUS]
             @SUM( INT(I):
             FLP_EUS(T, I) * FLV_KIN(T, I, R) ) *
             FLP_HPA(T, R) = FLV_EUS(T, R) ) );

! R49, R50, R51 - Wind und PV: Erzeugung je Lastbereich;
! ---------------------------------------------------------;
 @FOR( FLX_REG(T, R): [FLX_EGL]
       FLP_AGL(T) * (FLV_KAP(T, R) * FLP_HPA(T, R) -
             FLV_EUS(T, R) ) = FLV_EGL(T, R) );
```

```
  @FOR( FLX_REG(T, R): [FLX_EML]
        FLP_AML(T) * (FLV_KAP(T, R) * FLP_HPA(T, R) -
              FLV_EUS(T, R) ) = FLV_EML(T, R) );

  @FOR( FLX_REG(T, R): [FLX_ESL]
        FLP_ASL(T) * (FLV_KAP(T, R) * FLP_HPA(T, R) -
              FLV_EUS(T, R) ) = FLV_ESL(T, R) );

! R52 - Wind und PV: Pumpstrom aus Überschußstrom;
! -------------------------------------------------------------;
  @FOR( FLX_REG(T, R): [FLX_EPS] FLV_EPS(T, R)
        <= FLV_EUS(T, R) );

! R53 - Wind und PV: Leistungskredit;
! -------------------------------------------------------------;
  @FOR( FLX(T):
        @FOR( REG(R): [FLX_KRD]
              @SUM( INT(I):
              FLP_KRD(T, I) * FLV_KIN(T, I, R) )
              = FLV_KRD(T, R) ) );
```

Heizkraftwerke

```
! R54 - Heizkraftwerke: Max. elektr. Gesamterzeugung;
! -------------------------------------------------------------;
  @FOR( HKW_REG(T, R): [HKW_MGE]
        HKV_KAP(T, R) * HKP_MXH(T, R) >=
        HKV_EGL(T, R) + HKV_EML(T, R) + HKV_ESL(T, R) +
        HKV_EPS(T, R) );

! R55, R56, R57 - Heizkraftwerke: Max. Erzeugung je Last-
!       bereich;
! -------------------------------------------------------------;
  @FOR( HKW_REG(T, R): [HKW_EGL]
        HKV_KAP(T, R) * HKP_MXG(T, R) >= HKV_EGL(T, R) );

  @FOR( HKW_REG(T, R): [HKW_EML]
        HKV_KAP(T, R) * HKP_MXM(T, R) >= HKV_EML(T, R) );

  @FOR( HKW_REG(T, R): [HKW_ESL]
        HKV_KAP(T, R) * HKP_MXS(T, R) >= HKV_ESL(T, R) );
```

```
! R58 - Heizkraftwerke: Koppelproduktion (Stromkennzahl);
! -----------------------------------------------------------;
  @FOR( HKW_REG(T, R): [HKW_SKZ]
        HKV_EGL(T, R) + HKV_EML(T, R) + HKV_ESL(T, R) +
        HKV_EPS(T, R) = HKV_EFW(T, R) * HKP_SKZ(T, R) );

! R59 - Heizkraftwerke: Min. und max. Kapazität;
! -----------------------------------------------------------;
  @FOR( HKW_REG(T, R): [HKW_KAP]
        @BND( HKP_KMN(T, R), HKV_KAP(T, R), HKP_KMX(T, R) ) );
```

Blockheizkraftwerke

```
! R60 - BHKW: Min. und max. Kapazität;
! -----------------------------------------------------------;
  @FOR( BKW_REG(T, R): [BKW_KAP]
        @BND( BKP_KMN(T, R), BKV_KAP(T, R), BKP_KMX(T, R) ) );

! R61 - BHKW: Kapazität über alle Intervalle;
! -----------------------------------------------------------;
  @FOR( BKW(T):
        @FOR( REG(R): [BKW_KIN]
              @SUM( INT(I): BKV_KIN(T, I, R) )
              = BKV_KAP(T, R) ) );

! R62, R63, R64, R65 - BHKW: Intervallgrenzen mit Reihenfolge-
!       bedingungen;
! -----------------------------------------------------------;
  @FOR( INT(I) | (I #EQ# 1): [BKW_IN1]
              @SUM( BKW_REG(T, R):
                    BKV_KIN(T, I, R) ) <= IVP_IVB(I) );

  @FOR( INT(I) | ( I #LE# (@SIZE( INT )-1) ): [BKW_IN2]
              @SUM( BKW_REG(T, R):
                    BKV_KIN(T, I, R) )
                    >= IVP_IVB(I) * IVV_BKW( I) );

  @FOR( INT(I) | ( I #GE# 2): [BKW_IN3]
              @SUM( BKW_REG(T, R):
                    BKV_KIN(T, I, R) )
                    <= IVP_IVB(I) * IVV_BKW( I-1) );

  @FOR( BKW_RFB: [BKW_INT] @BIN(IVV_BKW) );
```

```
! R66 - BHKW: Überschuß-Stromerzeugung
! ----------------------------------------------------------------;
  @FOR( BKW(T):
        @FOR( REG(R): [BKW_EUS]
              @SUM( INT(I):
                    BKP_EUS(T, I) * BKV_KIN(T, I, R) ) *
                    BKP_HPA(T, R) = BKV_EUS(T, R) ) );

! R67, R68, R69 - BHKW: Max. Erzeugung je Lastbereich
! ----------------------------------------------------------------;
  @FOR( BKW_REG(T, R): [BKW_EGL]
        BKP_AGL(T) * (BKV_KAP(T, R) * BKP_HPA(T, R) -
        BKV_EUS(T, R) ) = BKV_EGL(T, R) );

  @FOR( BKW_REG(T, R): [BKW_EML]
        BKP_AML(T) * (BKV_KAP(T, R) * BKP_HPA(T, R) -
        BKV_EUS(T, R) ) = BKV_EML(T, R) );

  @FOR( BKW_REG(T, R): [BKW_ESL]
        BKP_ASL(T) * (BKV_KAP(T, R) * BKP_HPA(T, R) -
        BKV_EUS(T, R) ) = BKV_ESL(T, R) );

! R70 - Blockheizkraftwerke: Pumpstrom aus Überschußstrom;
! ----------------------------------------------------------------;
  @FOR( BKW_REG(T, R): [BKW_EPS]
        BKV_EPS(T, R) <= BKV_EUS(T, R) );

! R71 - Blockheizkraftwerke: Leistungskredit
! ----------------------------------------------------------------;
  @FOR( BKW(T):
        @FOR( REG(R): [BKW_KRD]
              @SUM( INT(I):
              BKP_KRD(T, I) * BKV_KIN(T, I, R) )
              = BKV_KRD(T, R) ) );

! R72 - Blockheizkraftwerke: Koppelproduktion (Stromkennzahl);
! ----------------------------------------------------------------;
  @FOR( BKW_REG(T, R): [BKW_SKZ]
        BKV_EGL(T, R) + BKV_EML(T, R) + BKV_ESL(T, R) +
        BKV_EUS(T, R) = BKV_EFW(T, R) * BKP_SKZ(T, R) );
```

Heizwerke

```
! R73 - Heizwerke: Max. und min. Kapazität;
! ------------------------------------------------------------;
  @FOR( HZW_REG(T, R): [HZW_KAP]
        @BND( HZP_KMN(T, R), HZV_KAP(T, R), HZP_KMX(T, R) ) );

! R74 - Heizwerke: Max. Fernwärme-Erzeugung;
! ------------------------------------------------------------;
  @FOR( HZW_REG(T, R): [HZW_MGE]
        HZV_KAP(T, R) * HZP_MXH(T, R) >= HZV_EFW(T, R) );

! R75 - Heizwerke: Min. 25% Fernwärme-Erzeugung (Spitzenlast);
! ------------------------------------------------------------;
  [HZW_MIN]    @SUM( BKW_REG(T, R): BKV_EFW(T, R) ) +
               @SUM( HKW_REG(T, R): HKV_EFW(T, R) ) <=
               @SUM( HZW_REG(T, R): HZV_EFW(T, R) ) * 3;
```

Flächenbedarf der Solarenergie

```
! R76, R77 - Max. Dachflächen für PV und Solarthermie je Region
! ------------------------------------------------------------;
  [DFL_RSH]
       ( NZV_KAP( NTB_SO, SH) + NZV_KAP( NTN_SO, SH) ) * 0.2 +
       ( FLV_KAP( ELB_SO, SH) + FLV_KAP( ELN_SO, SH) ) * 1.0
            <= 2890;

  [DFL_RHH]
       ( NZV_KAP( NTB_SO, HH) + NZV_KAP( NTN_SO, HH) ) * 0.2 +
       ( FLV_KAP( ELB_SO, HH) + FLV_KAP( ELN_SO, HH) ) * 1.0
            <= 1610;
```

Primärenergie und CO_2-Emissionen

```
! R78 - Berechnung des Primärenergiebedarfs;
! ------------------------------------------------------------;
  @FOR( PRE(P): [PRE_MGE]
       @SUM( KKW(K) | KKP_INP(K) #EQ# P:
             (KKV_EGL(K) + KKV_EML(K) + KKV_ESL(K) +
             KKV_EPS(K) ) / KKP_NGD(K ) ) +
```

```
      @SUM( KWK_REG(T, R) | KWP_INP(T) #EQ# P:
            (KWV_EGL(T, R) + KWV_EML(T, R) +
            KWV_ESL(T, R) + KWV_EPS(T, R) )
            / KWP_NGD(T, R ) ) +

      @SUM( FLX_REG(T, R) | FLP_INP(T) #EQ# P:
            (FLV_KAP(T, R) * FLP_HPA(T, R) )
            / FLP_NGD(T, R ) ) +

      @SUM( HKW_REG(T, R) | HKP_INP(T) #EQ# P:
            (HKV_EGL(T, R) + HKV_EML(T, R) +
            HKV_ESL(T, R) + HKV_EPS(T, R) +
            HKV_EFW(T, R) ) / HKP_NGD(T, R ) ) +

      @SUM( BKW_REG(T, R) | BKP_INP(T) #EQ# P:
            ((BKV_KAP(T, R) * BKP_HPA(T, R)) +
            BKV_EFW(T, R) ) / BKP_NGD(T, R ) ) +

      @SUM( HZW_REG(T, R) | HZP_INP(T) #EQ# P:
            HZV_EFW(T, R) / HZP_NGD(T, R) ) +

      @SUM( DMY_REG(T, R) | DMP_INP(T) #EQ# P:
            DMV_MGE(T, R) ) = PRV_MGE(P) );

! R79 - Berechnung der CO2-Emissionen;
! ------------------------------------------------------------;
  @FOR( PRE(P): [CO2_MGE]
        PRV_CO2(P) = PRV_MGE(P) * PRP_EMI(P) );

! R80 - Max. CO2-Emissionen;
! ------------------------------------------------------------;
  [CO2_BND] @SUM( PRE(P): PRV_CO2(P) ) <= EMP_CO2;
```

4.3.2. Zielfunktion

Die Zielgröße der Planungsrechnungen wird durch Multiplikation der Aktivitäten der Entscheidungsvariablen mit den jeweiligen spezifischen Auszahlungen und nachfolgende Summation im Modell abgebildet: Erzeugte Energiemengen werden dabei mit den zugehörigen variablen Ausgaben, installierte Kapazitäten mit den entsprechenden spezifischen fixen Ausgaben sowie die eingesetzten Primärenergieträger mit ihren jeweiligen Beschaffungspreisen bewertet. Die

Anweisung **MIN** deklariert den dem Gleichheitszeichen folgenden Ausdruck als zu minimierende Zielfunktion.

```
[OBJ] MIN =

  @SUM( PRE(P): PRV_MGE(P) * PRP_PRS(P) ) +

  @SUM( KKW(K): KKV_KAP(K) * KKP_FIX(K) + ( KKV_EGL(K) +
        KKV_EML(K) + KKV_ESL(K) + KKV_EPS(K) ) * KKP_VAR(K)) +

  @SUM( KWK_REG(T, R): KWV_KAP(T, R) * KWP_FIX(T, R) +
        ( KWV_EGL(T, R) + KWV_EML(T, R) + KWV_ESL(T, R) +
        KWV_EPS(T, R) ) * KWP_VAR(T, R) ) +

  @SUM( FLX_REG(T, R): FLV_KAP(T, R) * FLP_FIX(T, R) +
        (FLP_HPA(T, R) * FLV_KAP(T, R) ) * FLP_VAR(T, R) ) +

  @SUM( HKW_REG(T, R): HKV_KAP(T, R) * HKP_FIX(T, R) +
        (HKV_EGL(T, R) + HKV_EML(T, R) + HKV_ESL(T, R) +
        HKV_EPS(T, R) + HKV_EFW(T, R) ) * HKP_VAR(T, R) ) +

  @SUM( BKW_REG(T, R): BKV_KAP(T, R) * BKP_FIX(T, R) +
        (BKP_HPA(T, R) * BKV_KAP(T, R) ) * BKP_VAR(T, R) ) +

  @SUM( HZW_REG(T, R): HZV_KAP(T, R) * HZP_FIX(T, R) +
        HZV_EFW(T, R) * HZP_VAR(T, R) ) +

  PSV_KAP(PSP_GT) * PSP_FIX(PSP_GT) + (PSV_EML(PSP_GT) +
        PSV_ESL(PSP_GT) ) * PSP_VAR(PSP_GT) +

  @SUM( DST_REG(E, R): DSV_KAP(E, R) * DSP_FIX(E, R) +
        DSV_MGE(E, R) * DSP_VAR(E, R) ) +

  @SUM( NZU_REG(N, R): NZV_KAP(N, R) * NZP_FIX(N, R) +
        NZV_MGE(N, R) * NZP_VAR(N, R) );
```

5. Planungsrechnungen mit Parameter- und Strategie-Szenarien

5.1. Szenariotechnik

Die Planungsrechnungen mit dem Energie-Emissions-Modell ***NORDEV*** haben das Ziel, die Bandbreite der zukünftigen Entwicklungsmöglichkeiten des untersuchten Energieversorgungssystems abzuschätzen und gegebenenfalls sogenannte „robuste" Systemelemente zu ermitteln, welche die Identifikation von Entscheidungen ermöglichen sollen, die weitestgehend unabhängig von der Entwicklung exogener Daten zu einem im Sinne der Zielvorstellungen positiven Ergebnis führen[116]. Zu diesem Zweck sollen die Auswirkungen aktuell diskutierter energie- und umweltpolitischer Entscheidungen auf das Energieversorgungssystem der Länder Hamburg und Schleswig-Holstein untersucht werden, wobei Unsicherheiten über die zukünftige Entwicklung ausgewählter Rahmendaten in expliziter Form berücksichtigt werden sollen[117].

Für das weitere Vorgehen sind

- *Parameter-Szenarien* zur Berücksichtigung der Datenunsicherheit exogener Parameter von
- *Strategie-Szenarien* zur Abschätzung der Konsequenzen von energie- bzw. umweltpolitischen Maßnahmen zu unterscheiden. Weitergehend ist zwischen einem
    - *Referenz-Szenario* als Maßstab zur Einordnung der Ergebnisse der Planungsrechnungen und den
    - *eigentlichen Strategie-Szenarien* zur Berücksichtigung energie- bzw. umweltpolitischer Entscheidungen zu differenzieren[118].

---

[116] Vgl. HANSSMANN (Entscheidungsmodelle 1978), S. 35 f.

[117] Diese Vorgehensweise wird von VOSS / GEISSLER als „Systematische Zukunftsanalyse" bezeichnet (VOSS / GEISSLER (Strategische Energiemodelle 1981), S. 153).

[118] Zur strategischen Planung mittels Prognosen und zur Anwendung der Szenariotechnik in der Energiewirtschaft vgl. HORRIGHS (Strategien und Prognosebedeutung 1987), S. 49 ff. und VOSS / GEISSLER (Strategische Energiemodelle 1981), S. 152 ff.

Die Berücksichtigung von Strategie-Szenarien in den Planungsrechnungen bewirkt durch die Implementierung der Szenarien in Form von mehr oder weniger engen Restriktionen, beispielsweise durch Schranken auf Emissionen oder den Einsatz bestimmter Umwandlungstechnologien, eine weitere Einschränkung der Freiheitsgrade für die bereits relativ stark restringierte Optimierungsrechnung. Insoweit entspricht die Ermittlung der Konsequenzen eines aus Kombinationen mehrerer Einzelmaßnahmen bestehenden Strategie-Szenarios eher dem Charakter einer Simulationsrechnung, wie Abbildung 5-1 verdeutlichen soll[119].

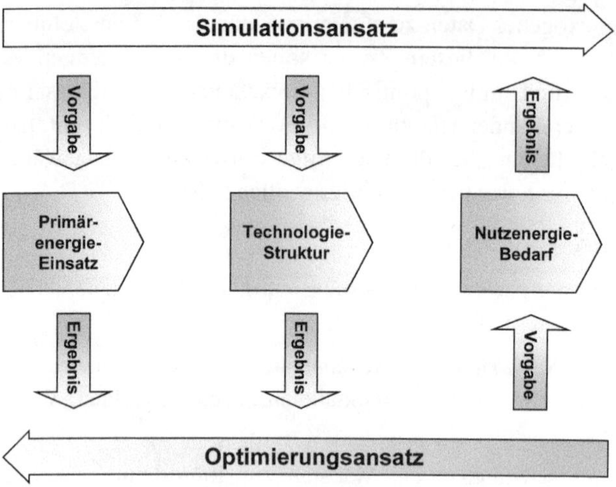

Abbildung 5-1: Optimierende versus simulierende Energiemodelle, in Anlehnung an: Haasis (Energie-Umwelt-Modell 1987), S. 64

So sind bei einer derart restringierten Planungsrechnung nicht nur der Nutzenergiebedarf vorgegeben, sondern darüber hinaus sind auch der Primärenergieeinsatz und die Technologiestruktur in großem Maße bereits durch entsprechende Vorgaben festgelegt. Bei einer späteren Betrachtung der Planungsergebnisse ist

---

[119] MÜLLER-MERBACH unterscheidet in diesem Zusammenhang zwischen Modellen zur Berechnung optimaler Entscheidungen und Modellen zur Bewertung möglicher Entscheidungen (MÜLLER-MERBACH (Planung 1989), Sp. 1292).

dieser Umstand entsprechend zu würdigen, um eine Fehlinterpretation der Ergebnisse der Strategie-Szenarien zu vermeiden.

5.2. Festlegungen ausgewählter exogener Parameter

5.2.1. Prognose der Nutzenergienachfrage

Die vom untersuchten Energieversorgungssystem zukünftig zu deckende Nutzenergienachfrage wird den Planungsrechnungen sowohl nach den Anwendungsbereichen Nieder- und Hochtemperaturwärme, Mechanische Energie, Beleuchtung sowie Information und Kommunikation als auch für Schleswig-Holstein und Hamburg getrennt vorgegeben. Wie bereits in Abschnitt 2.2.3 dargelegt, beziehen sich sowohl die Daten der Energiestatistik als auch Prognosen der zukünftigen Nachfrage regelmäßig auf die Bedarfe nach Endenergieträgern, wobei aktuelle Prognosen der Endenergienachfrage für die Untersuchungsregion nicht zur Verfügung standen. So wurde zur Abschätzung der zukünftigen Nutzenergiebedarfe in einem ersten Schritt auf die in Abbildung 5-2 dargestellte historische Entwicklung der Verbrauchsmengen der zur Nutzenergiebereitstellung verwendeten Endenergieträger im Untersuchungsgebiet zurückgegriffen.

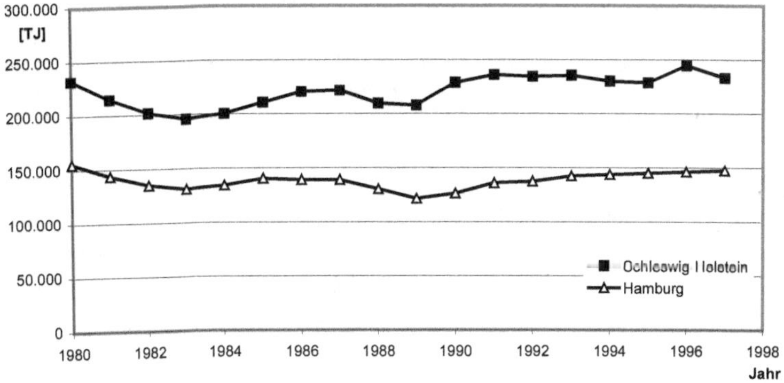

Abbildung 5-2: Entwicklung des Endenergieverbrauchs in Schleswig-Holstein und Hamburg; Quelle: SCHLESWIG-HOLSTEIN (Energiebericht 1999), S. A-5, SCHLESWIG-HOLSTEIN (Energieversorgung 1993), S. 30 ff., UMWELTBEHÖRDE (Umweltatlas 1999), HAMBURG (Energiebilanz 1997) und eigene Berechnungen

Die Extrapolation der historischen Endenergiebedarfe führte unter zusätzlicher Berücksichtigung aktueller Prognosen der Entwicklung des bundesdeutschen Endenergieverbrauchs sowie der in Abschnitt 2.2.3 dargelegten Annahmen über die Aufteilung des Endenergieverbrauchs auf die Nutzenergiebedarfe im Untersuchungsgebiet zu der in Tabelle 5-1 dargelegten Abschätzung der Nutzenergiebedarfe für Hamburg und Schleswig-Holstein im Planungsjahr 2010.

	Nutzenergiebedarfe			
	Schleswig-Holstein		**Hamburg**	
Anwendungsbereich	**1997** [PJ]	**2010** [PJ]	**1997** [PJ]	**2010** [PJ]
Hochtemperaturwärme	26,6	28,0	18,2	19,1
Niedertemperaturwärme	101,2	111,3	65,5	72,1
Mechanische Energie	15,9	16,7	10,4	10,9
Beleuchtung	0,4	0,5	0,3	0,3
Information und Kommunikation	3,0	4,6	2,0	3,0
Summe	**147,2**	**161,0**	**96,3**	**105,4**

Tabelle 5-1: Historische und für den Planungszeitpunkt erwartete Nutzenergiebedarfe; Quelle: SCHLESWIG-HOLSTEIN (Energieversorgung 1993), S. 255 ff., SCHLESWIG-HOLSTEIN (Energiebericht 1999), S. A5, UMWELTBEHÖRDE (Umweltatlas 1999), HAMBURG (Energiebilanz 1997), RWE (Energieflußbild 1995), BMWI (Energiemärkte 1999), S. K16 ff., PROGNOS (Energiereport 1992), S. 91 ff., PROGNOS (Energiereport 1996), S. 129 ff. und eigene Berechnungen

Auf eine Variation der zukünftigen Nachfrageentwicklung in Form von Parameter-Szenarien soll angesichts des vergleichsweise stabilen Trends der historischen Entwicklung der Endenergiebedarfe verzichtet werden, zumal eine nur geringfügige Änderung der daraus abgeleiteten Nutzenergiebedarfe einen zu vernachlässigenden Einfluß auf die grundsätzlichen Entwicklungspfade des Energieversorgungssystems hätte, während eine insoweit signifikante Änderung der Nutzenergiebedarfe respektive der Nachfragestruktur bis zum Planungsjahr 2010 aus heutiger Sicht nicht zu gewärtigen sein wird[120].

---

[120] Zur Sensitivität von Energiemodellen hinsichtlich der Variation der Nutzenergienachfrage sowie weiterer exogener Parameter vgl. READWIN (Planungsmodell 1985), S. 199.

5.2.2. Entwicklung der Energieträgerpreise

Die internationalen Energiemärkte sind geprägt von der Leitfunktion des Rohöls als weltweit nach wie vor bedeutendstem Primärenergieträger, insbesondere sind auch die Erdgasbezugspreise in den langfristigen „Take-or-Pay“-Verträgen der deutschen Ferngasgesellschaften mit den Lieferländern an die Rohölpreisentwicklung gekoppelt[121]. Im Inland ist der Gaspreis nach dem sogenannten „Anlegbarkeitsprinzip“ für Endverbraucher mit der Preisentwicklung des auf dem Wärmemarkt konkurrierenden leichten Heizöls respektive für Großabnehmer in der Stromerzeugung mit der Entwicklung der Steinkohlepreise verbunden. Im Rahmen der Deregulierung des Gasmarktes wird jedoch eine zukünftige Abkehr von diesem Prinzip diskutiert. In den zurückliegenden Jahren folgte nach den beiden Ölpreiskrisen der 1970er Jahre eine Periode relativ stabiler Rohöl- und Produktenpreise; jedoch zeigt die aktuelle Entwicklung seit dem Ende der 1990er Jahre eine Verdoppelung der Öl- und Gaspreise innerhalb von etwa 2 Jahren. Die vielfältigen Einflüsse auf die Öl- und Gaspreise reichen von Fördermengenbeschlüssen der OPEC über die jeweiligen Wechselkursparitäten zum US-Dollar bis hin zu witterungs- und konjunkturbedingten Nachfrageschwankungen, so daß die Entwicklung der inländischen Öl- und Gaspreise im Zeitverlauf starken Schwankungen unterworfen ist[122].

Hingegen sind bis zum Planungsjahr 2010 keine systematischen Preissteigerungen durch Verknappung der Reserven von Primärenergieträgern an den internationalen Beschaffungsmärkten zu erwarten[123]. Ein gewisses Versorgungs- und damit Preisrisiko birgt erst sehr langfristig die Konzentration der Erdgas- und Mineralölreserven auf vergleichsweise wenige Lieferländer mit jedenfalls zum

---

[121] Aktuell werden mehr als 80% der in der Bundesrepublik Deutschland verbrauchten Erdgases importiert, wobei in der Reihenfolge ihrer Bedeutung Rußland, Norwegen sowie die Niederlande die weitaus bedeutendsten Lieferländer sind (BWK (Gasmarkt Deutschland 2000), S. 18 und BMWi (Energiedaten 2000), S. 21).

[122] Vgl. BMWi (Energiedaten 2000), S. 30.

[123] In diesem Zusammenhang ist zu beachten, daß Reserven von Energierohstoffen als die mit derzeit verfügbaren technischen Mitteln wirtschaftlich gewinnbaren Mengen definiert sind; dies bedeutet, daß die Höhe der Reserven unter anderem von den jeweiligen Primärenergieträger-Preisen abhängen (BMWi (Reserven 1999), S. 4).

heutigen Zeitpunkt instabilen politischen Verhältnissen[124]. Im Gegensatz zu den Preisen für Mineralölprodukte und Erdgas wird die Entwicklung der Beschaffungspreise sowohl der nach aktueller und wohl auch zukünftiger Gesetzeslage für den deutschen Steinkohlemarkt preisbestimmenden Importsteinkohle als auch für Kernbrennstoffe als vergleichsweise stabil eingeschätzt[125].

Zur Berücksichtigung der vorgenannten Einschätzungen über die zukünftige Entwicklung der Primärenergieträgerpreise wurden drei Parameter-Szenarien festgelegt, die einem niedrigen, einem mittleren und einem hohen Mineralöl- bzw. Erdgaspreis jeweils unveränderte Beschaffungspreise für Steinkohle und Kernbrennstoffe gegenüberstellen, so daß die Auswirkungen derart veränderter komparativer Preisstrukturen durch Planungsrechnungen ermittelt werden können. Insbesondere sind im Bereich der großtechnischen Elektrizitäts- und Fernwärmeerzeugung durch eine Variation der Preisstrukturen entsprechende Substitutionsprozesse zwischen dem im Umwandlungssektor möglichen Einsatz von Kernbrennstoffen, Erdgas und Steinkohle zu erwarten, zumindest soweit die jeweils zugrundeliegenden Strategie-Szenarien einen Einsatz der vorgenannten Primärenergieträger nicht beschränken. Die Höhe der Mineralöl- und der Erdgaspreise in den drei Preis-Szenarien orientiert sich im Falle des Niedrigpreis-Szenarios am niedrigsten Preisniveau der vergangenen 15 Jahre. Das Trend-Szenario spiegelt das Niveau der Öl- und Gaspreise im Zeitraum von 1993 bis 1998 wider. In den letzten zwei Jahren hat sich das Preisniveau allerdings ungefähr verdoppelt: Diese Entwicklung wird durch das Hochpreis-Szenario repräsentiert.

Die in Tabelle 5-2 aufgeführten Energieträgerpreise enthalten alle Ausgaben für die Ver- und Entsorgung, insbesondere auch die nur grob abschätzbaren Ausgaben für die Endlagerung bzw. Aufbereitung von Kernbrennstoffen, aus den bereits oben genannten, systematischen Gründen hingegen keine Steuern und Abgaben. Bei den Erdgaspreisen ist zu beachten, daß durch langfristige Bezugsverträge für Großabnehmer im Energiesektor die Preise um etwa 20% unter den für die Planungsrechnungen verwendeten Durchschnittspreisen liegen können. Die Beschaffungskosten der in den Planungsrechnungen einsetzbaren, aber in

[124] Vgl. BMWI (Energiemärkte 1999), S. K-6 und K-9.

[125] Vgl. MÜLLER (Elektrizitätswirtschaft 1998), S. 177 ff. und S. 198 ff.

Tabelle 5-2 nicht aufgeführten Energieträger Biomasse und Reststoffe werden mangels Verfügbarkeit von Marktpreisen vernachlässigt bzw. im Falle der Aufbereitung von Biomasse den Ausgaben für Bau und Betrieb der Umwandlungsanlage zugeschlagen. Der Einsatz der Energieträger Solarenergie und Windenergie ist naturgemäß nicht mit Ausgaben belastet.

	Energieträgerpreise		
	2010	**2010**	**2010**
	„Ölpreis Niedrig"	**„Ölpreis Trend"**	**„Ölpreis Hoch"**
Energieträger	[DM/MWh]	[DM/MWh]	[DM/MWh]
Steinkohle	10,3	10,3	10,3
Kernbrennelemente	9,4	9,4	9,4
Mineralöl	25,8	34,3	68,7
Erdgas	18,8	25,0	50,0

Tabelle 5-2: Energieträgerpreis-Szenarien; Quelle: BMWI (Energiedaten 2000), S. 30, BMWI (Energiemärkte 1999), S. V, HILLEBRAND (Stromerzeugungskosten 1997), S. 10, ÖKO-INSTITUT (GEMIS 2000); MÜLLER (Elektrizitätswirtschaft 1998), S. 176 ff., ENQUETE (Erdatmosphäre 1995), S. 373 ff., KUGELER / PHLIPPEN (Energietechnik 1990), S. 332 f. und eigene Berechnungen

5.2.3. CO_2-Emissionskoeffizienten

Die Berechnung der CO_2-Emissionen erfolgt im Modell durch die Gewichtung der Primärenergie-Einsatzmengen mit den jeweiligen spezifischen CO_2-Emissionskoeffizienten. Die Tabelle 5-3 zu entnehmenden CO_2-Emissionskoeffizienten sind ohne Berücksichtigung der jeweiligen Vorstufen ermittelt. Zum einen, weil die Quantifizierung der zu diesem Zweck benötigten kumulierten Emissionskoeffizienten problematisch und entsprechend umstritten ist, zum anderen, weil die Systemgrenzen des untersuchten Energieversorgungssystems überschritten würden. Es ist jedoch anzumerken, daß die Nichtberücksichtigung der vorgelagerten Umwandlungsstufen bezüglich der CO_2-Emissionen tendenziell eine Begünstigung der regenerativen Energieträger und der Kernenergie gegenüber den fossilen Energieträgern bedeutet.

Energieträger	CO_2-Emissionskoeffizienten [t/MWh]
Steinkohle	0,3312
Kernbrennelemente	—
Mineralöl	0,2664
Erdgas	0,2016
Reststoffe	0,0540

Tabelle 5-3: CO_2-Emissionskoeffizienten; Quelle: BMU (Klimaschutz 1994), S. 159 ff. und eigene Berechnungen

5.3. Strategie-Szenarien

5.3.1. Referenz-Szenario

Das Referenz-Szenario soll als Maßstab zur Einordnung der Ergebnisse der nachfolgend untersuchten Strategie-Szenarien dienen und beschreibt eine Trendentwicklung („Business as usual"), welche im Gegensatz zu den eigentlichen Strategie-Szenarien noch keine zielgerichteten Entscheidungen berücksichtigt.

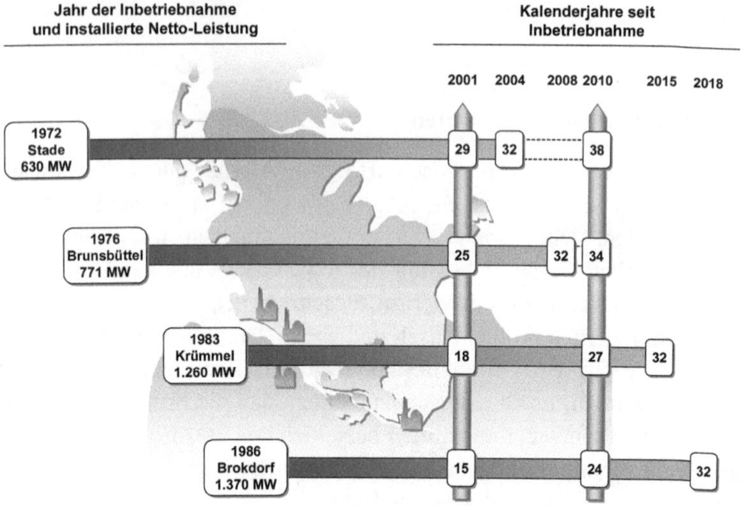

Abbildung 5-3: Installierte Nettoleistung, Jahr der Inbetriebnahme und rechnerische Laufzeit bestehender Kernkraftwerke

Für den Einsatz der Kernenergie im Referenz-Szenario wird unterstellt, daß eine Nutzung zur Elektrizitätserzeugung auch über das Planungsjahr 2010 hinaus möglich sein soll. Abbildung 5-3 zeigt die Aufteilung der insgesamt installierten Leistung von 4.031 MW_{el} auf die heute in der Untersuchungsregion betriebenen Kernkraftwerke, die jeweiligen Jahre der Inbetriebnahme sowie zukünftige, rechnerische Laufzeiten. Für den weiteren Betrieb der aktuell verfügbaren Kernkraftwerke wurden dabei folgende Annahmen getroffen: Das Kernkraftwerk in Stade wird nach Aussage der Betreiber im Jahr 2003 nach einer Betriebszeit von 31 Jahren vom Netz genommen und anschließend zurückgebaut werden[126]. Bei einer bis dahin erreichten Laufzeit von 34 Kalenderjahren sei nach Maßgabe der Ergebnisse der Energiekonsensgespräche angenommen, daß auch das Kernkraftwerk in Brunsbüttel im Planungsjahr 2010 nicht mehr, diejenigen in Krümmel und Brokdorf mit 27 bzw. 24 Jahren Betriebszeit hingegen zur Verfügung stehen werden. Die stillgelegten Kernkraftwerke in Stade und Brunsbüttel können, wie in Abschnitt 3.1.1 beschrieben, durch den Zubau neuer Kernkraftwerke am bestehenden Standort ersetzt werden.

Zur Ermittlung der Ergebnisse im Referenzfall wurden unter Berücksichtigung unterschiedlicher Energieträgerpreise entsprechende Rechenläufe mit dem Planungsmodell ***NORDEV*** durchgeführt. Ein erster Blick auf die Ergebnisse der Planungsrechnungen zeigte, daß unter allen Energiepreis-Szenarien in der optimalen Lösung keine Windkraft- und Photovoltaik-Anlagen eingesetzt werden und auch Blockheizkraftwerke nur in vernachlässigbarem Umfang berücksichtigt werden, obwohl in bestehenden Anlagen eine vergleichsweise kostengünstige Strom- bzw. Wärmeerzeugung möglich wäre. Die Durchführung von zusätzlichen Planungsrechnungen unter Beachtung von Mindestkapazitäten in Höhe des für das Planungsjahr in Schleswig-Holstein und Hamburg erwarteten Bestands von Windkraft- und Photovoltaikanlagen sowie Blockheizkraftwerken ergab, daß die damit erzwungene zeitlich fluktuierende Elektrizitätseinspeisung aus diesen Anlagen zu Lasten der gekoppelten Strom- und Fernwärmeerzeugung in Heizkraftwerken geht.

Die Ursache dieses Ergebnisses liegt in dem relativ ausgeglichenen zeitlichen Nachfrageverlauf nach Elektrizität im Untersuchungsgebiet begründet, wodurch einem vergleichsweise hohen Grundlastanteil entsprechend geringere Mittel-

---

126 Vgl. E.ON (Stade 2000).

und Spitzenlastbedarfe entgegenstehen. Die Elektrizitätserzeugung in Heizkraftwerken, als typischen Mittellastkraftwerken, konkurriert mit der ebenso ganz überwiegend dem Mittellastbereich zuzurechnenden Einspeisung aus Windkraft- und Photovoltaikanlagen sowie Blockheizkraftwerken[127]. Der Einsatz von Heizkraftwerken wird jedoch, insbesondere im Falle hoher Öl- und Gaspreise durch den hier möglichen Einsatz von Steinkohle, in der optimalen Lösung bevorzugt. Unter den Prämissen des Planungsmodells steht somit der fluktuierenden Einspeisung aus Windkraft- und Photovoltaikanlagen sowie Blockheizkraftwerken dann keine entsprechende Nachfrage mehr gegenüber respektive führt eine erzwungene Einspeisung zur Verdrängung des Einsatzes von Heizkraftwerken. Im Falle einer Berücksichtigung von Mindestkapazitäten einer fluktuierenden Stromeinspeisung werden in der Fernwärmeversorgung statt dessen bestehende und auch neu zu errichtende Heizwerke eingesetzt. Die Plausibilität dieser Entwicklung angesichts der gegebenen Strukturen der Elektrizitäts- und Fernwärmeversorgung im Untersuchungsgebiet sowie der entsprechenden energierechtlichen Rahmenbedingungen wurde in der jüngeren Vergangenheit bereits durch den Ersatz des Heizkraftwerkes Hafen in Hamburg durch ein erdgasbefeuertes Heizwerk bestätigt.

Diese ersten Ergebnisse der Planungsrechnungen zeigen auf, daß die Definition des Referenz-Szenarios einer Ergänzung bedarf, da die Nichtberücksichtigung von Windkraft- und Photovoltaikanlagen sowie Blockheizkraftwerken in der optimalen Lösung zu einer insoweit unrealistischen Vergleichsbasis für die nachfolgend zu untersuchenden Strategie-Szenarien führen würde. Aufgrund der aktuellen und zukünftig erwarteten energiepolitischen Festlegungen sowie der einschlägigen Gesetzeslage muß nämlich angenommen werden, daß eine Einspeisung von Elektrizität aus den vorgenannten Quellen zumindest im Umfang der in Abschnitt 3.2 für das Planungsjahr unterstellten Kapazitäten zu berücksichtigen sein wird. Im Referenz-Szenario sowie in allen weiteren Strategie-Szenarien werden daher entsprechende Mindestkapazitäten auf Windkraftanlagen, Photovoltaik und Blockheizkraftwerke eingeführt, deren Auswirkungen auf die Wirtschaftlichkeit des Energieversorgungssystems Tabelle 5-4 entnommen werden können. Die resultierenden Mehrausgaben bewegen sich in einer Größenordnung von knapp 3% und sind insbesondere auf eine nach eingesetzten

[127] Vgl. Abschnitt 3.2.1.

Energieträgern und Technologien veränderte Struktur der Fernwärmeerzeugung zurückzuführen.

	Ausgaben		
Referenz-Szenario	**„Ölpreis Niedrig“** [Mio. DM]	**„Ölpreis Trend“** [Mio. DM]	**„Ölpreis Hoch“** [Mio. DM]
Ohne Mindestkapazitäten auf Wind, PV, BHKW	5.229	5.829	7.859
Mit Mindestkapazitäten auf Wind, PV, BHKW	5.372	6.000	8.063
Mehrausgaben	**143**	**171**	**204**

Tabelle 5-4: Ausgaben im Referenzfall ohne bzw. mit Mindestkapazitäten auf Windkraftanlagen, Photovoltaik (PV) und BHKW

Die Darstellung der Ergebnisse der nunmehr unter Berücksichtigung von Mindestkapazitäten einer Stromeinspeisung aus Windkraftanlagen, Photovoltaik und Blockheizkraftwerken durchgeführten Planungsrechnungen beginnt nachfolgend mit einer Übersicht der zur Nutzenergiebereitstellung eingesetzten Technologien und Endenergieträger und führt über die Darstellung des Umwandlungssektors schließlich zum Primärenergieeinsatz mit den daraus resultierenden CO_2-Emissionen.

Aufgrund des überragenden Anteils am gesamten Nutz- bzw. Endenergiebedarf sowie der vergleichsweise großen Auswahl verfügbarer energietechnischer Alternativen soll die Untersuchung der zur Nutzenergiebereitstellung verwendeten Technologien und Endenergieverbrauchsmengen vorwiegend auf den Anwendungsbereich Niedertemperaturwärme fokussiert werden. Die in Tabelle 5-5 dargelegten Endenergieeinsatzmengen in den verschiedenen Anwendungsbereichen können als repräsentatives Ergebnis des Referenz-Szenarios sowie aller weiteren Energiepreis- und Strategie-Szenarien verstanden werden und unterscheiden sich nur wenig von den in Abschnitt 2.2.3 auf Grundlage der Energiestatistik des Jahres 1997 ermittelten Strukturen des Endenergieverbrauchs im Untersuchungsgebiet.

	Endenergieeinsatz	
	Schleswig-Holstein	**Hamburg**
Anwendung	[TJ]	[TJ]
Beleuchtung	2.251	1.406
Information und Kommunikation	5.722	3.723
Mechanische Energie	27.831	17.926
Hochtemperaturwärme	36.185	24.928
Niedertemperaturwärme	148.004	93.740
Summe	**219.993**	**141.724**

Tabelle 5-5: Endenergieeinsatz nach Anwendungsbereichen im Referenz-Szenario bei mittleren Energiepreisen

In einer kurzen Übersicht der Ergebnisse der Planungsrechnungen ist bezüglich der im weiteren nicht detailliert dargestellten Anwendungsbereiche herauszustellen,

- daß für Beleuchtungszwecke bei höheren Gas- und Ölpreisen und unter den Bedingungen der bezüglich Kernenergieeinsatz bzw. CO_2-Emissionen restringierten Strategie-Szenarien verstärkt Neuanlagen mit besseren Wirkungsgraden eingesetzt werden,

- daß die Endenergieträger- und Technologiestrukturen im Anwendungsbereich Information und Kommunikation für alle Strategie- und Energiepreis-Szenarien identisch sind,

- daß der Anteil von verbrennungsmotorisch betriebenen Anlagen zur Bereitstellung mechanischer Energie durchgängig im Bereich des technologisch bedingten Mindesteinsatzes liegt und bei steigenden Energiepreisen sowie zunehmender Restringierung ein höherer Anteil von vergleichsweise teueren Neuanlagen mit geringerem Endenergiebedarf zu verzeichnen ist und

- daß in der überwiegend auf die Industrie konzentrierten Erzeugung von Hochtemperaturwärme unter allen Szenario-Bedingungen auf den Einsatz von bestehenden Anlagen und auf den Endenergieträger Mineralöl verzichtet wird. Weiterhin ist zu bemerken, daß Erdgas im Falle hoher Gaspreise in Verbindung mit unbeschränkten CO_2-Emissionen in großem Umfang durch Elektrizität substituiert wird. Der bis dato bemerkenswert hohe Anteil des Einsatzes von Elektrizität in der Hochtemperaturwärme-Erzeugung in Hamburg konnte im Rahmen der Planungsrechnungen nicht nachvollzogen werden.

In der Bereitstellung von Niedertemperaturwärme erschweren die hohen spezifischen Investitionsausgaben für die vergleichsweise kleinen Anlagen einen Wechsel auf alternative Technologien bzw. Energieträger bei veränderten Energieträger-Preisrelationen, so daß unter allen Energiepreis-Szenarien daher nahezu identische Technologie- und Endenergieverbrauchs-Strukturen zu verzeichnen sind.

	Niedertemperaturwärme			
	Schleswig-Holstein		**Hamburg**	
	1997	**2010 „Ölpreis Trend"**	**1997**	**2010 „Ölpreis Trend"**
Endenergie	[TJ]	[TJ]	[TJ]	[TJ]
Elektrizität	7.361	7.043	8.552	7.983
Erdgas	46.080	58.222	42.449	48.033
Mineralöl	70.227	66.706	24.513	23.029
Fernwärme	16.494	15.882	15.210	14.612
Summe	**140.162**	**147.853**	**90.724**	**93.657**

Tabelle 5-6: Endenergieeinsatz zur Niedertemperaturwärme-Bereitstellung im Jahre 1997 und im Referenz-Szenario

Die für eine mittlere Energiepreis-Entwicklung ermittelten Endenergie-Einsatzmengen in Tabelle 5-6 repräsentieren daher die Bereitstellung von Niedertemperaturwärme im Referenz-Szenario, wobei an dieser Stelle zu Vergleichszwecken auf die Darstellung der vergleichsweise geringen Beiträge von Solarthermie und elektrisch betriebenen Wärmepumpen verzichtet wurde. Ein Vergleich der Planungsergebnisse mit den Daten des Jahres 1997 zeigt nachfragebedingt einen Anstieg der gesamten Endenergieträger-Einsatzmengen im Anwendungsbereich der Niedertemperaturwärme um gut 3 bzw. 5%. Weiterhin ist festzustellen, daß sich trotz eines zu Lasten des Einsatzes aller anderen Energieträger erhöhten Erdgasanteils die Verbrauchsstrukturen insgesamt nur marginal ändern, wobei insbesondere in Schleswig-Holstein mit leichtem Heizöl der für diese Anwendung bedeutendste Endenergieträger seine Position behaupten kann.

Ein Blick auf die Beiträge der verschiedenen Technologien zur Bereitstellung von Niedertemperaturwärme in Tabelle 5-7 bestätigt dieses Ergebnis insbesondere im Hinblick auf die nach wie vor bescheidenen Beiträge der Solarthermie und der Wärmepumpen.

	Niedertemperaturwärme	
Technologie	**Schleswig-Holstein** [TJ]	**Hamburg** [TJ]
Elektr. Heiz- und Warmwasseranlagen	6.480	7.344
Erdgas-Kesselanlagen	45.748	36.543
Heizöl-Kesselanlagen	45.360	15.660
Solarthermische Anlagen	50	25
Fernwärme-stationen	13.500	12.420
Elektr. Wärmepumpen	162	108
Summe	**111.300**	**72.100**

Tabelle 5-7: Niedertemperaturwärme-Bereitstellung nach Technologien im Referenz-Szenario bei mittleren Energiepreisen

Zusammenfassend läßt sich festhalten, daß nach den Ergebnissen der Planungsrechnungen unter den Bedingungen des Referenz-Szenarios aufgrund der vergleichsweise hohen spezifischen Investitionsausgaben von Neuanlagen auch bei deutlich steigenden Öl- und Gaspreisen keine signifikanten Veränderungen der Endenergieeinsatz- bzw. Technologie-Strukturen im Anwendungsbereich der Niedertemperaturwärme zu erwarten sind.

Die Deckung der Nutzenergiebedarfe durch den Einsatz von Endenergieträgern resultiert in den in Tabelle 5-8 für das Referenz-Szenario und zu Vergleichszwecken für das Jahr 1997 dargelegten Endenergieverbrauchsmengen. Die Bedarfsstrukturen der Endenergieträger sind unter den Bedingungen des niedrigen und des mittleren Energiepreis-Szenarios vollständig identisch, so daß auf die Abbildung der Ergebnisse des Niedrigpreis-Szenarios verzichtet wurde. Die

Verbrauchsmengen der einzelnen Endenergieträger zeigen beim Vergleich der im Jahr 1997 vorgefundenen mit den für das Planungsjahr berechneten Strukturen für Hamburg und Schleswig-Holstein unter allen Energiepreis-Szenarien absolut sowie relativ einen deutlichen Rückgang des Mineralöl-Einsatzes. Der Elektrizitätsanteil am Endenergieverbrauch nähert sich in Hamburg und Schleswig-Holstein an, während aufgrund der gegebenen Strukturen der Nutzenergietechnologien unter allen Energiepreis-Szenarien nach wie vor ein deutlich höherer Mineralölanteil und ein niedrigerer Erdgasanteil in Schleswig-Holstein zu verzeichnen ist.

	Endenergieverbrauch					
	1997		**2010 „Ölpreis Trend"**		**2010 „Ölpreis Hoch"**	
	Schleswig-Holstein	**Hamburg**	**Schleswig-Holstein**	**Hamburg**	**Schleswig-Holstein**	**Hamburg**
Energieträger	[TJ]	[TJ]	[TJ]	[TJ]	[TJ]	[TJ]
Elektrizität	47.000	41.000	55.467	35.828	65.663	43.997
Mineralöl	90.000	30.000	71.373	24.775	70.859	24.577
Erdgas	72.000	61.000	85.338	71.983	70.481	60.000
Fernwärme	16.000	15.000	18.881	16.990	18.881	17.581
Summe	**225.000**	**147.000**	**231.059**	**149.576**	**225.884**	**146.155**

Tabelle 5-8: *Endenergieverbrauch brutto (inklusive Transportverlust) im Jahre 1997 und im Referenz-Szenario*

Die bereits erwähnte Substitution von Erdgas durch Elektrizität im Anwendungsbereich Hochtemperaturwärme zeigt sich sowohl in Tabelle 5-8 durch einen deutlich erhöhten Elektrizitätseinsatz im Hochpreis-Szenario, als auch nachfolgend bei der Betrachtung des Umwandlungsbereichs in Tabelle 5-9 mit einer im Falle hoher Öl- und Gaspreise um 20% höheren Stromerzeugung.

	Elektrizitätserzeugung		
	„Ölpreis Niedrig"	**„Ölpreis Trend"**	**„Ölpreis Hoch"**
Technologie	[GWh]	[GWh]	[GWh]
Kernkraftwerke	0	19.085	19.085
Kraftwerke	21.610	2.525	6.901
Regenerative	2.860	2.860	2.860
Heizkraftwerke	315	315	1.105
BHKW	778	778	778
Summe	**25.564**	**25.564**	**30.729**

Tabelle 5-9: Elektrizitätserzeugung nach Erzeugungstechnologien im Referenz-Szenario

An dieser Stelle soll zunächst der Einsatz der Kernenergie zur Elektrizitätserzeugung näher betrachtet werden: Die im Planungsjahr einsetzbaren Kernkraftwerke in Brokdorf und Krümmel mit einer installierten Leistung von zusammen 2.630 MW werden im Niedrigpreis-Szenario, bei einem dort angesetzten Erdgaspreis von knapp 1,9 Pfg./kWh stillgelegt, da die Elektrizitäts-Grundlastversorgung wirtschaftlicher durch neu zu errichtende erdgasbefeuerte GuD-Kraftwerkskapazitäten in Höhe von knapp 2.900 MW dargestellt werden kann. Die Planungsrechnungen bestätigen insoweit die Ergebnisse einschlägiger Untersuchungen über die Wirtschaftlichkeit eines Kernenergieausstiegs der HEW sowie diesbezügliche Aussagen des HEW-Vorstands, in denen für einen wirtschaftlich vertretbaren Ersatz der Kernkraftwerke durch erdgasbefeuerte GuD-Kraftwerke ein Erdgaspreis in Höhe von 1,5 - 2,0 Pfg./kWh unterstellt bzw. als langfristig abgesicherter Bezugspreis über einen Zeitraum von 15 Jahren gefordert wird[128].

Bei der Höhe der zugebauten Kapazitäten von GuD-Kraftwerken ist zu beachten, daß nicht nur die Kernkraftwerke in Brokdorf und Krümmel ersetzt werden, sondern unter den Prämissen der Planungsrechnungen auch die Kernkraftwerke in Stade und Brunsbüttel mit zusammen knapp 1.000 MW keine Berücksichtigung mehr finden. Die installierten Kapazitäten aller im Verbund lastabhängig

[128] Vgl. GAL (Atomausstieg 1997), UMWELTBEHÖRDE (Gutachten 1999) sowie HAMBURGER ABENDBLATT (Atom-Ausstieg).

gesteuert einsetzbaren Kraftwerke und Heizkraftwerke bewegen sich im Referenz-Szenario zwischen 4.500 MW im niedrigen, 4.700 MW im mittleren und 5.700 MW im Hochpreis-Szenario.

Der deutliche Anstieg der installierten Kapazitäten bei hohen Öl- und Gaspreisen ist auf die bereits erwähnten Substitutionsprozesse in den Endverbrauchssektoren mit einem deutlich höheren Stromanteil am Endenergieverbrauch und einem entsprechenden Zubau von steinkohlebefeuerten Kraftwerken zurückzuführen. Die im Bestand vorhandenen erdgas- und mineralölbefeuerten Kraftwerke in Höhe von etwa 1.700 MW werden durchgehend nur zu Zwecken der Reservebereitstellung vorgehalten. Ein Vergleich mit den im Jahre 1997 insgesamt installierten Kraftwerkskapazitäten von rund 6.400 MW zeigt die heute im Untersuchungsgebiet bestehenden Überkapazitäten in der Elektrizitätserzeugung deutlich auf[129]: Bedeutende Anteile der Kraftwerkskapazitäten dienen neben einer ausgeprägten Reservehaltung offenbar vorwiegend dem Stromexport, da sie für die Deckung der Nachfrage der Verbraucher in Hamburg und Schleswig-Holstein nicht benötigt werden. Auch aus dieser Tatsache begründen sich die unterschiedlichen Beurteilungen der betroffenen Landesregierungen einerseits sowie der überregional operierenden Energiewirtschaft andererseits zu den Möglichkeiten und Folgen eines Ausstiegs aus der Kernenergienutzung.

Im Vergleich mit den Endverbrauchssektoren sind die Substitutionsprozesse zwischen den Einsatzmengen der verschiedenen Energieträger bei unterschiedlichen Energieträgerpreisen im Umwandlungsbereich sehr viel ausgeprägter, da hier als Alternativen zum Einsatz von Erdgas insbesondere auch die ausschließlich bzw. vorzugsweise großtechnisch einsetzbaren Energieträger Kernenergie und Steinkohle zur Verfügung stehen. Der Umfang der Substitution des Erdgaseinsatzes in der Elektrizitätserzeugung durch Kernenergie und Steinkohle mit steigenden Gaspreisen ist Tabelle 5-10 zu entnehmen. Hier und besonders in der auf die Beiträge der bedeutendsten Energieträger beschränkten Abbildung 5-4 zeigt sich die vergleichsweise hohe Sensitivität der Strukturen der Elektrizitätserzeugung in bezug die zugrunde gelegten Brennstoff-Preisrelationen. Der verbleibende Erdgaseinsatz zur Elektrizitätserzeugung bei mittleren und hohen Gaspreisen resultiert aus dem Betrieb bestehender Blockheizkraftwerke; es werden keine bzw. nur sehr geringe GuD-Kraftwerkskapazitäten zugebaut.

---

129 Vgl. Abschnitt 2.2.2.

	Elektrizitätserzeugung		
	„Ölpreis Niedrig"	**„Ölpreis Trend"**	**„Ölpreis Hoch"**
Energieträger	[GWh]	[GWh]	[GWh]
Kernkraft	0	19.085	19.085
Mineralöl	53	53	53
Steinkohle	0	2.496	7.662
Erdgas	22.302	721	721
Windenergie	2.845	2.845	2.845
Solarenergie	15	15	15
Reststoffe	344	344	344
Biomasse	5	5	5
Summe	**25.564**	**25.564**	**30.729**

Tabelle 5-10: Elektrizitätserzeugung nach eingesetzten Energieträgern im Referenz-Szenario

Bei der Interpretation dieses, wie auch aller weiteren Ergebnisse der Planungsrechnungen ist jedoch die LP-spezifische Tendenz zum sogenannten „penny switching" zu berücksichtigen, die bei inkrementellen Änderungen besonders sensitiver Parameter zu strukturell sehr verschiedenen Lösungen führen kann. So läßt sich mit Planungsrechnungen unter den Bedingungen des Referenz-Szenarios zeigen, daß beispielsweise die Erhöhung des Erdgaspreises von 1,91 Pfg./kWh auf 1,92 Pfg./kWh eine Verringerung der eingesetzten Erdgasmenge um gut 25% bewirkt, da bei diesem Erdgaspreis im Rahmen der Planungsrechnungen gerade die Wirtschaftlichkeitsschwelle des Kernkraftwerkes Brokdorf erreicht wird.

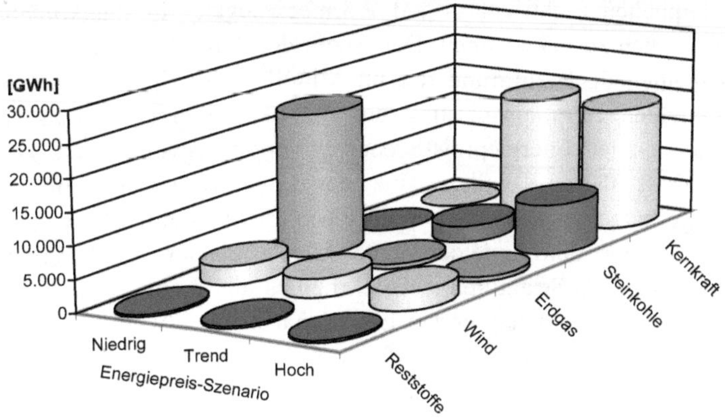

Abbildung 5-4: Elektrizitätserzeugung nach ausgewählten Energieträgern im Referenz-Szenario

Die ebenfalls dem Umwandlungsbereich zuzurechnende Fernwärmeerzeugung zeigt mit steigenden Öl- und Gaspreisen den in der Elektrizitätsversorgung vorgefundenen Tendenzen vergleichbare Entwicklungen. Bezüglich der verwendeten Technologien ist die Fernwärmeerzeugung in Tabelle 5-11 und hinsichtlich der eingesetzten Energieträger in Tabelle 5-12 dargestellt.

	Fernwärmeerzeugung		
	„Ölpreis Niedrig"	**„Ölpreis Trend"**	**„Ölpreis Hoch"**
Technologie	[TJ]	[TJ]	[TJ]
Heizkraftwerke	3.780	3.780	8.517
BHKW	7.011	7.011	7.011
Heizwerke	25.080	25.080	20.934
Summe	**35.871**	**35.871**	**36.462**

Tabelle 5-11: Fernwärmeerzeugung nach Erzeugungstechnologien im Referenz-Szenario

Neben einer leichten Ausweitung der Fernwärmenachfrage ist durch die steigende Stromnachfrage unter den Bedingungen des Hochpreis-Szenarios eine Verlagerung der Fernwärmeerzeugung von erdgasbefeuerten Heizwerken zu einer gekoppelten Elektrizitäts- und Wärmeerzeugung in steinkohlebefeuerten Heizkraftwerken zu verzeichnen. Der Anteil der Fernwärmeerzeugung in Heizwerken bleibt jedoch aufgrund der im Mittellastbereich mit Heizkraftwerken konkurrierenden Stromeinspeisung aus Windkraftanlagen, Photovoltaik und BHKW unter allen Energiepreis-Szenarien vergleichsweise hoch. Die Bedeutung der Kraft-Wärme-Kopplung sinkt den Ergebnissen der Planungsrechnungen zufolge entgegen der energiepolitischen Zielvorstellungen von Bund und Ländern gegenüber dem Ende der 1990er Jahre erreichten Stand ab und läßt sich unter den gegebenen Strukturen der Elektrizitäts- und Fernwärmeerzeugung und den Bedingungen des deregulierten Elektrizitätsmarktes wohl nur durch zielgerichtete ordnungspolitische Eingriffe, wie beispielsweise durch das Kraft-Wärme-Kopplungs-Gesetz, stabilisieren.

	Fernwärmeerzeugung		
Energieträger	**„Ölpreis Niedrig"** [TJ]	**„Ölpreis Trend"** [TJ]	**„Ölpreis Hoch"** [TJ]
Mineralöl	1.827	477	477
Steinkohle	1.620	14.406	22.557
Erdgas	25.483	14.047	6.487
Reststoffe	6.840	6.840	6.840
Biomasse	101	101	101
Summe	**35.871**	**35.871**	**36.462**

Tabelle 5-12: Fernwärmeerzeugung nach eingesetzten Energieträgern im Referenz-Szenario

Der Einsatz von Reststoffen[130], Biomasse, Windkraft und Solarenergie bleibt sowohl in der Elektrizitäts- als auch in der Fernwärmeerzeugung unter allen Energiepreis-Szenarien unverändert, womit der Anteil der regenerativen Energien an der Elektrizitätserzeugung etwa 12% und an der Fernwärmeerzeugung knapp 20% beträgt.

---

[130] Die Subsumierung der Reststoffe unter die regenerativen Energien ist nicht unumstritten, die thermische Verwertung von Reststoffen in der Elektrizitäts- bzw. Fernwärmeerzeugung stellt durch die Substitution des Einsatzes insbesondere von fossilen Energieträgern jedoch eine vergleichsweise sinnvolle Entsorgungstechnologie dar.

In der Elektrizitätserzeugung leistet hierbei die Windenergie mit etwa 10% an der Gesamterzeugung den weitaus größten Beitrag regenerativer Energien, während in der Fernwärmeerzeugung die thermische Verwertung von Reststoffen deutlich dominiert. Hierbei muß jedoch beachtet werden, daß der Einsatz von Windkraft- und Photovoltaikanlagen zur Elektrizitätserzeugung unter den Bedingungen des Referenz-Szenarios nur aufgrund der Berücksichtigung von Mindestkapazitäten erfolgt.

Aus dem Einsatz der verschiedenen Energieträger in den Umwandlungs- und Endverbrauchs-Sektoren im Referenz-Szenario resultiert der zugehörige Primärenergieverbrauch des Energieversorgungssystems, dessen in Tabelle 5-13 dargelegten Strukturen ebenfalls die Substitutionsprozesse zwischen den Energieträgern Steinkohle, Erdgas und Kernenergie in Abhängigkeit von den verschiedenen Brennstoff-Preisrelationen widerspiegeln. Der auffällige Anstieg des Primärenergieeinsatzes bei mittleren und hohen Öl- und Gaspreisen ist auf die gerade im Vergleich mit modernen GuD-Kraftwerken vergleichsweise geringen Wirkungsgrade der Elektrizitätserzeugung in Kernkraftwerken zurückzuführen. Weiterhin zeigt sich ein in Hinsicht auf die Versorgungssicherheit bedenklich hoher Anteil des Erdgaseinsatzes unter den Bedingungen des Niedrigpreis-Szenarios. Eine einseitige Ausrichtung auf das Kriterium der Wirtschaftlichkeit würde hier bezüglich der resultierenden Abhängigkeit der Energieversorgung vom Erdgas zu einer Situation führen, welche mit der bereits als Folge der Ölkrisen der 1970er Jahre formulierten energiepolitischen Zielvorstellung eines ausgewogenen Versorgungsmixes verschiedener Energieträger unvereinbar wäre.

Auf einen Vergleich des Primärenergieeinsatzes mit historischen Werten muß aufgrund der bereits in Abschnitt 2.2.1 dargelegten Bewertungsproblematik in bezug auf den Einsatz regenerativer Energien und der Elektrizität sowie der länderspezifisch unterschiedlichen Gliederungen der zugrundeliegenden statistischen Daten verzichtet werden. Eine Vergleichbarkeit mit den Ergebnissen der nachfolgend untersuchten Strategie-Szenarien ist jedoch infolge der konsistenten Planungsmethodik gegeben.

	Primärenergieverbrauch		
	„Ölpreis Niedrig"	**„Ölpreis Trend"**	**„Ölpreis Hoch"**
Primärenergie	[TJ]	[TJ]	[TJ]
Steinkohle	1.906	34.836	81.554
Kernkraft	0	195.846	195.846
Mineralöl	98.523	96.934	96.222
Erdgas	317.685	176.160	140.920
Reststoffe	11.683	11.683	11.683
Solarenergie	601	601	601
Windenergie	22.760	22.760	22.760
Biomasse	153	153	153
Summe	**453.310**	**538.973**	**549.739**

Tabelle 5-13: Primärenergieverbrauch im Referenz-Szenario

In unmittelbarem Zusammenhang mit dem Primärenergieverbrauch stehen die dem Energieversorgungssystem zuzurechnenden CO_2-Emissionen, welche bekanntlich unter den Bedingungen des Referenz-Szenarios nicht durch Restriktionen beschränkt und nachstehend in Tabelle 5-14 aufgeführt sind. Resultierend aus den sehr unterschiedlichen Strukturen des Primärenergieeinsatzes je nach zugrundeliegendem Energiepreis-Szenario ist eine entsprechende Schwankungsbreite der CO_2-Emissionsmenge um knapp 25% zu verzeichnen. Durch die Berücksichtigung von Mindestkapazitäten auf Windkraftanlagen, Photovoltaik und Blockheizkraftwerken und die dadurch erzwungene Elektrizitätseinspeisung aus im laufenden Betrieb zum Teil emissionsfreien Quellen liegen die CO_2-Emissionsmengen im Referenz-Szenario je nach Energiepreis-Szenario bereits zwischen etwa 3 bis 11% niedriger als im diesbezüglich nicht restringierten Fall.

CO_2-Emissionen		
„Ölpreis Niedrig"	**„Ölpreis Trend"**	**„Ölpreis Hoch"**
[Mio. t p.a.]	[Mio. t p.a.]	[Mio. t p.a.]
25,4	20,4	22,7

Tabelle 5-14: CO_2-Emissionen im Referenz-Szenario

Als Maßstab zur Einordnung der CO_2-Emissionsmengen soll das in Abschnitt 1.1.1.1 vorgestellte Emissionsminderungsziel von 25% gegenüber dem Bezugsjahr 1990 dienen. Da nach heutiger Sicht eine Einhaltung dieses Ziels für das ursprünglich anvisierte Jahr 2005 nicht mehr möglich erscheint, wird eine Fortschreibung auf das Planungsjahr 2010 angenommen. In Tabelle 5-15 sind zu diesem Zweck die Emissionsmengen des Basisjahres 1990 und eine dem Minderungsziel entsprechende, um 25% niedrigere Emissionsmenge dargelegt. Eine Zuordnung der CO_2-Emissionen zu den verursachenden Ländern ist aufgrund der integrierten Planung der Elektrizitätserzeugung im Modell ***NORDEV*** nicht zielführend, daher bezieht sich die in Tabelle 5-15 für das Planungsjahr 2010 genannte Zielmenge von 17,8 Mio. t p.a. auf die CO_2-Emissionen der gesamten Untersuchungsregion.

	CO_2-Emissionen	
	1990 [Mio. t p.a.]	**Zielmenge 2010** [Mio. t p.a.]
Schleswig-Holstein	15,2	—
Hamburg	8,5	—
Summe	**23,7**	**17,8**

Tabelle 5-15: Energiebedingte CO_2-Emissionen ohne Verkehrssektor für das Basisjahr 1990 und das Planungsjahr 2010; Quelle: SCHLESWIG-HOLSTEIN (Energieversorgung 1993), UMWELTBEHÖRDE (Umweltatlas 1999) und eigene Berechnungen

Zusammenfassend läßt sich bezüglich der CO_2-Emissionen konstatieren, daß die Höhe der Emissionsmenge im Referenz-Szenario in Abhängigkeit von der Entwicklung der Energieträger-Preisrelationen und der entsprechenden Einsatzmengen fossiler Energieträger in einer Bandbreite von–16% bis +7% um den Wert des Basisjahres 1990 schwankt, daß jedoch der Minderungszielwert von 17,8 Mio. t p.a. ohne weitere zielgerichtete Maßnahmen in keinem Fall erreicht wird.

5.3.2. Kernkraftausstieg

Das Kernkraftausstiegs-Szenario reflektiert die aktuellen energie- und umweltpolitischen Zielvorstellungen von Bundes- und Länderregierungen in Hamburg und Schleswig-Holstein durch die Annahme, daß im Planungsjahr 2010 nicht nur die Kernkraftwerke in Brunsbüttel und Stade, sondern darüber hinaus mit denjenigen in Krümmel und Brokdorf alle zur Elektrizitätsversorgung des Untersuchungsgebietes eingesetzten Kernkraftwerke stillgelegt sein werden und ein Ersatz durch den Zubau neuer Kernkraftwerke ausgeschlossen werden soll. Zur Beurteilung der Konsequenzen einer solchen Entwicklung wurden entsprechende Planungsrechnungen durchgeführt, deren Ergebnisse denjenigen des Referenz-Szenarios gegenübergestellt werden sollen.

Aufgrund der Tatsache, daß im Referenz-Szenario unter der Annahme niedriger Öl- und Gaspreise auf den Einsatz der Kernenergie ohne entsprechende Restriktionen verzichtet wird, läßt sich ersehen, daß unter dieser Prämisse das Kernkraftausstiegs-Szenario hier zu identischen Ergebnissen führt. Auf die Darstellung der Ergebnisse des Niedrigpreis-Szenarios kann daher verzichtet werden. Weiterhin ist festzustellen, daß auch unter den Bedingungen des Trend- und des Hochpreis-Szenarios die Planungsergebnisse betreffend die Technologien zur Nutzenergiebereitstellung und den Endenergieeinsatz identisch mit denjenigen im Referenz-Szenario sind. Der erzwungene Verzicht auf den Kernenergieeinsatz hat somit im Rahmen der Planungsrechnungen keinerlei Einfluß auf die Handlungsmöglichkeiten und somit auf die Ausgestaltung der wirtschaftlichsten Lösung in diesem Bereich der Energiewirtschaft.

Mit im Vergleich zum Referenz-Szenario unveränderten Ergebnissen hinsichtlich Erzeugungsmenge sowie Technologie- und Energieträgereinsatz zeigt sich im Umwandlungsbereich auch die Fernwärmeerzeugung unberührt vom Kernenergieausstieg. Einzig die Strukturen der Elektrizitätserzeugung sind von der Stillegung der Kernkraftwerke betroffen, wobei die im Referenz-Szenario auf die Kernenergie entfallenden Anteile an der Stromproduktion bei mittleren und hohen Erdgaspreisen hier von neu zu installierender steinkohlebefeuerter Kraftwerkskapazität in Höhe von 2.900 bzw. 3.400 MW übernommen werden. Die in Tabelle 5-16 nach eingesetzten Energieträgern gegliederte Darstellung der Elektrizitätserzeugung zeigt, daß je nach unterstellter Energiepreisrelation damit die Energieträger Erdgas bzw. Steinkohle die heute dominierende Kernenergie ablösen würden.

	Elektrizitätserzeugung		
	„Ölpreis Niedrig"	**„Ölpreis Trend"**	**„Ölpreis Hoch"**
Energieträger	[GWh]	[GWh]	[GWh]
Kernkraft	0	0	0
Mineralöl	53	53	53
Steinkohle	0	21.581	26.747
Erdgas	22.302	721	721
Windenergie	2.845	2.845	2.845
Solarenergie	15	15	15
Reststoffe	344	344	344
Biomasse	5	5	5
Summe	**25.564**	**25.564**	**30.729**

Tabelle 5-16: Elektrizitätserzeugung nach eingesetzten Energieträgern im Kernkraftausstiegs-Szenario

Die Beiträge der anteilsmäßig wichtigsten Energieträger in der Elektrizitätsversorgung sind zur Verdeutlichung der Substitutionsprozesse im Kernkraftausstiegs-Szenario zusätzlich in Abbildung 5-5 dargestellt.

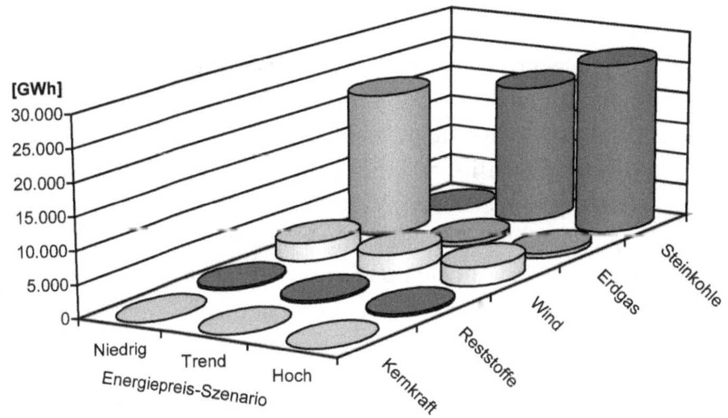

Abbildung 5-5: Elektrizitätserzeugung nach ausgewählten Energieträgern im Kernkraftausstiegs-Szenario

Der Primärenergieeinsatz im Kernkraftausstiegs-Szenario wird im Falle niedriger Öl- und Gaspreise ebenso vom Erdgaseinsatz dominiert wie im Referenz-Szenario, während sich bei mittleren und hohen Preisen die Substitution des Erdgases durch Steinkohle naturgemäß auch in dem Tabelle 5-17 zu entnehmenden Primärenergieverbrauch niederschlägt.

	Primärenergieverbrauch		
Primärenergie	**„Ölpreis Niedrig"** [TJ]	**„Ölpreis Trend"** [TJ]	**„Ölpreis Hoch"** [TJ]
Steinkohle	1.906	177.972	224.690
Kernkraft	0	0	0
Mineralöl	98.523	96.934	96.222
Erdgas	317.685	176.160	140.920
Reststoffe	11.683	11.683	11.683
Solarenergie	601	601	601
Windenergie	22.760	22.760	22.760
Biomasse	153	153	153
Summe	**453.310**	**486.263**	**497.029**

Tabelle 5-17: Primärenergieverbrauch im Kernkraftausstiegs-Szenario

Aufgrund der auch gegenüber der Elektrizitätserzeugung in modernen Steinkohlekraftwerken vergleichsweise geringen Wirkungsgrade der Energieumwandlung in Kernkraftwerken liegt das Niveau des Primärenergieverbrauchs im Kernenergieausstiegs-Szenario bei mittleren und hohen Öl- und Gaspreisen deutlich unter den entsprechenden Verbrauchsmengen im Referenz-Szenario. Die Verwendung regenerativer Energieträger stagniert ebenso wie die dezentrale Kraft-Wärme-Kopplung in Blockheizkraftwerken auch unter den Bedingungen des Kernkraftausstiegs auf dem Niveau des analog zum Referenz-Szenario festgelegten Mindesteinsatzes.

Mit dem starken Zuwachs des Einsatzes von Steinkohle in der Elektrizitätserzeugung ist jedoch trotz des insgesamt geringeren Primärenergieeinsatzes eine sehr deutliche Zunahme der im Kernenergieausstiegs-Szenario nicht beschränkten CO_2-Emissionen verbunden. Wie Tabelle 5-18 zeigt, steigt der CO_2-Ausstoß bei mittleren und hohen Öl- und Gaspreisen gegenüber den vergleichbaren Werten im Referenz-Szenario um 64% bzw. 58% und damit auf ein Emissionsniveau, welches weit über der aktuellen Emissionsmenge und erst recht über der angestrebten Zielmenge von 17,8 Mio. t p.a. liegt.

	CO_2-Emissionen		
	„Ölpreis Niedrig" [Mio. t p.a.]	**„Ölpreis Trend"** [Mio. t p.a.]	**„Ölpreis Hoch"** [Mio. t p.a.]
Szenario			
Kernenergieausstieg	25,4	33,6	35,9
Referenz	25,4	20,4	22,7
Differenz	**0,0**	**13,2**	**13,2**

Tabelle 5-18: CO_2-Emissionen im Kernkraftausstiegs- und im Referenz-Szenario

Die im Kernkraftausstiegs-Szenario unter den Bedingungen mittlerer und hoher Energieträgerpreise auftretenden Mehrausgaben für das Energieversorgungssystem im Planungsjahr 2010 sind Tabelle 5-19 zu entnehmen. Mit einer Größenordnung von rund 1,5 bis 2% gegenüber den Ergebnissen des Referenz-Szenarios sind die Mehrausgaben als durchaus moderat zu bezeichnen.

	Ausgaben		
	„Ölpreis Niedrig" [Mio. DM]	**„Ölpreis Trend"** [Mio. DM]	**„Ölpreis Hoch"** [Mio. DM]
Szenario			
Kernenergieausstieg	5.372	6.129	8.188
Referenz	5.372	6.000	8.063
Mehrausgaben	**0**	**129**	**125**

Tabelle 5-19: Ausgaben im Kernkraftausstiegs- und im Referenz-Szenario

Zusammenfassend läßt sich feststellen, daß ein Ausstieg aus der Kernenergienutzung für das Energieversorgungssystem Schleswig-Holsteins und Hamburgs durch den Einsatz moderner erdgasbefeuerter GuD- bzw. Steinkohlekraftwerke in der Elektrizitätserzeugung wirtschaftlich vertretbar scheint. Auch im Hinblick auf die Versorgungssicherheit würde zumindest bei mittleren und hohen Öl- und Gaspreisen der Einsatz von Erdgas und Mineralöl in den Endverbrauchssektoren in Verbindung mit der Verstromung von Steinkohle einen akzeptablen Versorgungsmix bewirken. Aufgrund der im Vergleich zum Basisjahr 1990 bestenfalls stagnierenden, bei hohen Gaspreisen und damit verstärktem Steinkohleeinsatz sogar stark steigenden CO_2-Emissionen führt dieses Szenario jedoch zu umweltpolitisch nicht tragfähigen Versorgungsstrategien.

5.3.3. CO_2-Emissionsminderung

Zur Einhaltung der Zielmenge von 17,8 Mio. t p.a. und der damit notwendigen Verminderung von energiebedingten CO_2-Emissionen gibt es im Umfang der vorliegenden Untersuchung mehrere Handlungsoptionen[131]:

- Substitution von kohlenstoffreichen durch kohlenstoffarme fossile Energieträger,
- Einsatz von regenerativen Energieträgern und Nutzung der Kernenergie zur Elektrizitätserzeugung sowie
- Einsatz fortschrittlicher Umwandlungstechnologien mit hohen Wirkungsgraden.

Der Kernenergieeinsatz ist im CO_2-Minderungs-Szenario nicht beschränkt. Wie im Falle des Referenz-Szenarios besteht die Möglichkeit des Weiterbetriebs der Anlagen in Brokdorf und Krümmel sowie des Zubaus von Kernkraftwerken an den Altstandorten Brunsbüttel und Stade.

Die Durchführung von Planungsrechnungen unter Berücksichtigung eines CO_2-Emissionsgrenzwertes von 17,8 Mio. t p.a. führte in den Endverbrauchssektoren im Vergleich zum Referenz-Szenario zu einigen Änderungen der Technologie- und Endenergieträgerverbrauchs-Strukturen: Neben einem ausgeprägten Übergang auf wirkungsgradverbesserte Neuanlagen im Anwendungsbereich Mechanische Energie bereits bei niedrigen Öl- und Gaspreisen ist als auffälligste Abweichung zum Referenz-Szenario ein bei allen Preiskonstellationen stabiler Einsatz von Erdgas in der Hochtemperaturwärme-Bereitstellung festzustellen. Ein dem Referenz-Szenario vergleichbarer Substitutionsprozeß zu Gunsten eines verstärkten Elektrizitätseinsatzes bei hohen Gaspreisen findet nicht statt.

[131] Der Einsatz von CO_2-Rückhaltetechnologien ist eine grundsätzlich umstrittene und jedenfalls im Rahmen des für das Planungsjahr erwarteten Stands der Technik hier zu vernachlässigende Handlungsoption.

Die Strukturen der Niedertemperaturwärme-Bereitstellung zeigen sich im Falle niedriger und mittlerer Energiepreise im CO_2-Minderungs-Szenario unverändert gegenüber den Ergebnissen des Referenz-Szenarios; hingegen ist bei hohen Öl- und Gaspreisen ein verstärkter Einsatz von Wärmepumpen zu Lasten von heizöl- und erdgasbefeuerten Anlagen festzustellen. Wie Tabelle 5-20 zeigt, bleibt der Beitrag der Wärmepumpen in Hamburg und Schleswig-Holstein mit einem Anteil von 2,4 bzw. 3,3% an der gesamten abgegebenen Niedertemperaturwärme allerdings auch unter den Bedingungen des CO_2-Minderungs-Szenarios noch recht niedrig.

	Niedertemperaturwärme	
Technologie	**Schleswig-Holstein** [TJ]	**Hamburg** [TJ]
Elektr. Heiz- und Warmwasseranlagen	6.480	7.344
Erdgas-Kesselanlagen	43.674	34.240
Heizöl-Kesselanlagen	44.919	15.660
Solarthermische Anlagen	50	25
Fernwärme-stationen	13.500	12.420
Elektr. Wärmepumpen	2.677	2.411
Summe	**111.300**	**72.100**

Tabelle 5-20: Niedertemperaturwärme-Bereitstellung nach Technologien im CO_2-Minderungs-Szenario bei hohen Energiepreisen

Da zur Einhaltung der CO_2-Emissionsgrenzwerte in der Hochtemperaturwärme-Erzeugung der dezentrale Einsatz von Erdgasfeuerungen gegenüber der Verstromung von Steinkohle bevorzugt wird, zeigt sich unter den Bedingungen des CO_2-Minderungs-Szenarios nicht die im Referenz-Szenario bei hohen Gaspreisen deutliche Ausweitung der Elektrizitätserzeugung, sondern eine unter allen Energiepreis-Szenarien fast unveränderte Struktur des Endenergieträgereinsatzes, die in Tabelle 5-21 dargestellt ist.

	Endenergieverbrauch	
	Schleswig-Holstein	**Hamburg**
Energieträger	[TJ]	[TJ]
Elektrizität	57.595	32.991
Mineralöl	70.198	24.577
Erdgas	76.477	69.535
Fernwärme	18.881	16.990
Summe	**223.252**	**144.144**

Tabelle 5-21: Endenergieverbrauch brutto (inklusive Transportverlust) im CO_2-Minderungs-Szenario bei hohen Energiepreisen

In der Elektrizitätserzeugung bewirkt die Begrenzung der CO_2-Emissionen im Gegensatz zum Referenz-Szenario einen Einsatz der Kernkraftwerke Brokdorf und Krümmel bereits im Niedrigpreis-Szenario. Eine Reaktion des Planungsmodells auf veränderte Energiepreisrelationen ist in der Elektrizitätserzeugung offenbar nur in sehr engen Grenzen möglich, da insbesondere bei allen Preisen auf den Einsatz von Steinkohle verzichtet wird, wie die Darstellungen der Elektrizitätserzeugung in Tabelle 5-22 und Abbildung 5-6 zeigen.

	Elektrizitätserzeugung		
	„Ölpreis Niedrig“	**„Ölpreis Trend“**	**„Ölpreis Hoch“**
Energieträger	[GWh]	[GWh]	[GWh]
Kernkraft	19.085	19.085	19.085
Mineralöl	53	53	53
Steinkohle	0	0	0
Erdgas	2.975	2.975	3.020
Windenergie	2.845	2.845	2.845
Solarenergie	15	15	15
Reststoffe	344	344	344
Biomasse	5	5	5
Summe	**25.322**	**25.322**	**25.367**

Tabelle 5-22: Elektrizitätserzeugung nach eingesetzten Energieträgern im CO_2-Minderungs-Szenario

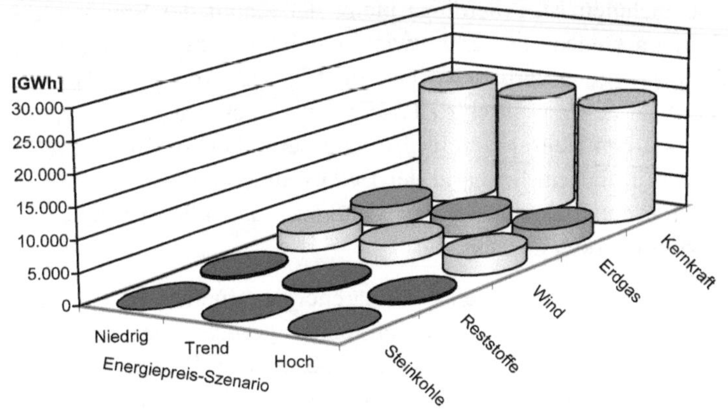

Abbildung 5-6: Elektrizitätserzeugung nach ausgewählten Energieträgern im CO_2-Minderungs-Szenario

Der Einsatz regenerativer Energieträger in der Elektrizitätserzeugung erfolgt auch unter Berücksichtigung der CO_2-Emissionsbeschränkung nur im Umfang der vorgegebenen Mindestkapazitäten. In der Fernwärmeproduktion ist hingegen ein Ausbau von Biomasse-Heizwerken in Schleswig-Holstein bis zur mit 1.800 MW unterstellten Obergrenze festzustellen.

	Fernwärmeerzeugung	
	„Ölpreis Trend"	**„Ölpreis Hoch"**
Energieträger	[TJ]	[TJ]
Mineralöl	477	477
Steinkohle	0	6.192
Erdgas	18.733	12.541
Reststoffe	6.840	6.840
Biomasse	9.821	9.821
Summe	**35.872**	**35.872**

Tabelle 5-23: Fernwärmeerzeugung nach Energieträgern im CO_2-Minderungs-Szenario

Bei hohen Gaspreisen erfolgt zudem ein Zubau von steinkohlebefeuerten Heizwerken zur Substitution eines Teils der erdgasbetriebenen Anlagen, wie Tabelle

5-23 zu entnehmen ist. Allerdings bleibt der Anteil der Steinkohle bei hohen Gaspreisen im Gegensatz zur Entwicklung im Referenz-Szenario auch in der Fernwärmeerzeugung vergleichsweise niedrig. Der Anteil von Heizkraftwerken an der Fernwärme- bzw. Elektrizitätserzeugung beschränkt sich bei allen Energiepreisen auf den Beitrag von im Bestand befindlichen Müllverbrennungsanlagen, da auch in diesem Szenario der Bedarf an Mittellaststrom bereits weitestgehend durch die Einspeisung aus Windkraft- und Photovoltaikanlagen sowie Blockheizkraftwerken gedeckt wird.

Der Tabelle 5-24 zu entnehmende Primärenergieverbrauch im CO_2-Minderungs-Szenario ist erwartungsgemäß durch einen geringen Steinkohleeinsatz und durchgehend hohen Kernenergieanteil ausgezeichnet. Wie bereits in den Ergebnissen der Endverbrauchs- und Umwandlungssektoren abzulesen war, zeigt sich der Erdgasanteil vergleichsweise unbeeinflußt durch veränderte Energiepreisrelationen, da die Einhaltung des CO_2-Grenzwertes sowohl eine mittelbare Substitution durch verstromte Steinkohle im Endverbrauch als auch unmittelbar durch Verfeuerung von Steinkohle in der Elektrizitäts- bzw. Fernwärmeerzeugung nur in sehr geringem Umfang erlaubt.

	Primärenergieverbrauch		
	„Ölpreis Niedrig“	**„Ölpreis Trend“**	**„Ölpreis Hoch“**
Primärenergie	[TJ]	[TJ]	[TJ]
Steinkohle	0	0	6.986
Kernkraft	195.846	195.846	195.846
Mineralöl	96.222	96.222	95.561
Erdgas	187.578	187.578	176.974
Reststoffe	11.683	11.683	11.683
Solarenergie	601	601	601
Windenergie	22.760	22.760	22.760
Biomasse	11.588	11.588	11.588
Summe	**526.278**	**526.278**	**522.000**

Tabelle 5-24: Primärenergieverbrauch im CO_2-Minderungs-Szenario

Die Einhaltung des CO_2-Emissionsgrenzwertes verursacht Mehrausgaben im Vergleich zum Referenz-Szenario, die bei niedrigen Öl- und Gaspreisen im wesentlichen auf den Einsatz der unter diesen Bedingungen vergleichsweise teuren Kernkraftwerke Brokdorf und Krümmel, bei mittleren und hohen Gaspreisen auf die nur in geringem Maße mögliche Substitution von teurem Erdgas durch günstige Steinkohle zurückzuführen sind. Die Mehrausgaben liegen je nach Energiepreis-Szenario zwischen etwa 2,5 und 4%, wie aus Tabelle 5-25 ersichtlich wird.

	Ausgaben		
Szenario	**„Ölpreis Niedrig"** [Mio. DM]	**„Ölpreis Trend"** [Mio. DM]	**„Ölpreis Hoch"** [Mio. DM]
CO_2-Minderungs-Szenario	5.588	6.143	8.329
Referenz	5.372	6.000	8.063
Mehrausgaben	**216**	**143**	**266**

Tabelle 5-25: Ausgaben im CO_2-Minderungs- und im Referenz-Szenario

Die Ergebnisse der Planungsrechnungen unter den Bedingungen des CO_2-Minderungs-Szenarios zeigen, daß die Erreichung des Emissionsminderungsziels mit einer Obergrenze von 17,8 Mio. t p.a. für das Energieversorgungssystem des Untersuchungsgebietes mit vergleichsweise geringen Mehrausgaben möglich ist. Da das Ausmaß der CO_2-Minderungsziele in der nationalen und internationalen energie- und umweltpolitischen Diskussion umstritten ist, sollen für das Energieversorgungssystem des Untersuchungsgebietes diese Ziele variiert werden und den jeweils resultierenden Ausgaben gegenübergestellt werden. Zur Ermittlung der Austauschrelationen zwischen den wirtschaftlichsten und emissionsminimalen Versorgungsstrategien wurde im ersten Schritt die Zielvorschrift des Planungsmodells zur Berechnung der minimalen CO_2-Emissionsmengen umformuliert. In weiteren Planungsrechnungen wurden für den Bereich zwischen der emissionsminimalen und wirtschaftlichsten Lösung die Schranken auf die CO_2-Emissionen schrittweise gelockert, bis die Emissionsmenge im nicht restringierten Fall erreicht wurde. Die in Abbildung 5-7 dargestellten Kurvenverläufe interpolieren die Ergebnisse der einzelnen Planungsrechnungen. Das bereits bekannte Ergebnis relativ geringer Mehrausgaben bis zur Erreichung des Emissionsminderungsziels von 17,8 Mio. t p.a. wird in Abbildung 5-7 durch einen in diesem Bereich flachen Kurvenverlauf bestätigt. Weitere Emissionsbeschränkungen führen jedoch schnell zu erheblichen Mehrausgaben, insbesondere bedingt durch die Notwendigkeit des Zubaus von Kernkraftwerken an den Altstandorten Stade und Brunsbüttel. Die CO_2-Emissionen lassen sich bis auf 2,8 Mio. t p.a. senken, wobei in der Nähe des Emissionsminimums aufgrund der hohen Investitionen in eine weitgehende Umgestaltung des Energieversorgungssystems die fixen Ausgaben für Neuanlagen für die Gesamtausgaben bestimmend sind. Unterschiedliche Energieträgerpreise sind hier kaum noch spürbar, daher verlaufen die Kurven in diesem Bereich fast dekkungsgleich.

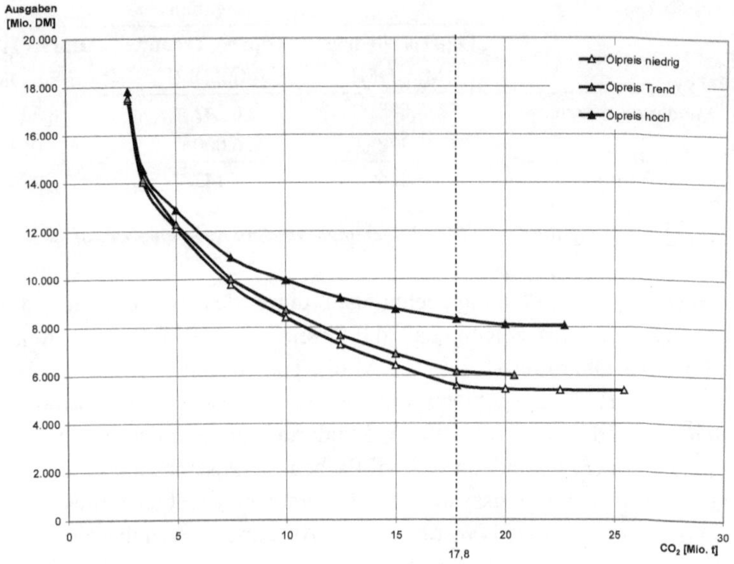

Abbildung 5-7: Austauschrelationen zwischen den ausgaben- und emissionsminimalen Versorgungsstrategien unter Berücksichtigung der Kernenergie

5.3.4. Kernkraftausstieg und CO_2-Minderung

Durch den Einsatz der Kernenergie im CO_2-Minderungs-Szenario wird zwar das Erreichen des Emissionsminderungsziels sichergestellt, aber das gleichermaßen verfolgte Ziel eines Ausstiegs aus der Nutzung der Kernenergie nicht beachtet. Im Szenario Kernkraftausstieg und CO_2-Minderung werden nunmehr gleichermaßen die Stillegung aller vorhandenen Kernkraftwerke bis zum Planungsjahr 2010 sowie die Beschränkung der CO_2-Emissionen auf die Obergrenze von 17,8 Mio. t p.a. berücksichtigt.

Die simultane Beschränkung der Kernenergieeinsatzes sowie der CO_2-Emissionen führt im Vergleich zu den bislang behandelten Szenarien zu deutlichen Verschiebungen der Technologie- und Energieverbrauchs-Strukturen. Im Anwendungsbereich Hochtemperaturwärme reduziert sich der Anteil der Elektrizität in allen Energiepreis-Szenarien auf den technologisch bedingten Mindesteinsatz; eine Reaktion des Planungsmodells auf steigende Gaspreise ist nicht möglich. Die Erzeugung von Niedertemperaturwärme zeigt ebenfalls eine bei allen Energiepreisen fast unveränderte Struktur, die zusammen mit den Vergleichswerten des Referenz-Szenarios in Tabelle 5-26 dargelegt ist.

	Niedertemperaturwärme			
	Referenz		**Kernkraftausstieg und CO_2-Minderung**	
	Schleswig-Holstein	**Hamburg**	**Schleswig-Holstein**	**Hamburg**
Technologie	[TJ]	[TJ]	[TJ]	[TJ]
Elektr. Heiz- und Warmwasseranlagen	6.480	7.344	6.480	7.344
Erdgas-Kesselanlagen	45.748	36.543	66.173	32.099
Heizöl-Kesselanlagen	45.360	15.660	0	0
Solarthermische Anlagen	50	25	50	7.334
Fernwärme-stationen	13.500	12.420	9.814	6.315
Elektr. Wärmepumpen	162	108	28.782	19.008
Summe	**111.300**	**72.100**	**111.300**	**72.100**

Tabelle 5-26: Niedertemperaturwärme-Bereitstellung nach Technologien im Referenz-Szenario sowie im Szenario Kernkraftausstieg und CO_2-Minderung bei mittleren Energiepreisen

Als augenfälligstes Ergebnis ist der vollständige Verzicht auf den Einsatz von Heizöl zur Bereitstellung von Niedertemperaturwärme in beiden Ländern festzustellen. Während zum Ausgleich in Schleswig-Holstein der Anteil erdgasbefeuerter Anlagen um knapp 50% ansteigt, sinkt dieser Anteil in Hamburg um etwa 14% ab. Zusätzlich sind in Hamburg und Schleswig-Holstein ein starker

Fernwärme-Anteilsverlust von knapp 30 bzw. 50% sowie ein Zubau elektrisch betriebener Wärmepumpen bis zur jeweiligen Kapazitäts-Obergrenze zu vermerken. Hingegen werden nur in Hamburg in bemerkenswertem Umfang neue solarthermische Anlagen installiert. Die im Vergleich zum Referenz-Szenario starke Veränderung der Technologiestrukturen im Bereich der Niedertemperaturwärme resultiert in einem hinsichtlich der absoluten Höhe merklich niedrigeren und in bezug auf die Anteile der einzelnen Endenergieträger deutlich veränderten Endenergieeinsatz, wie Tabelle 5-27 zeigt. Der gesamte Endenergieverbrauch sinkt gegenüber dem Referenz-Szenario in Schleswig-Holstein und Hamburg um 30 bzw. 35%, um auch unter Verzicht auf den Einsatz der Kernenergie die Einhaltung des CO_2-Grenzwertes zu ermöglichen.

	Endenergieverbrauch			
	Referenz		**Kernkraftausstieg und CO_2-Minderung**	
	Schleswig-Holstein	**Hamburg**	**Schleswig-Holstein**	**Hamburg**
Technologie	[TJ]	[TJ]	[TJ]	[TJ]
Elektrizität	55.467	35.828	52.065	38.036
Mineralöl	71.373	24.775	2.792	1.078
Erdgas	85.338	71.983	108.260	62.621
Fernwärme	18.881	16.990	13.637	8.638
Summe	**231.059**	**149.576**	**176.754**	**110.373**

Tabelle 5-27: Endenergieverbrauch brutto (inklusive Transportverlust) im Referenz-Szenario sowie im Szenario Kernkraftausstieg und CO_2-Minderung bei mittleren Energiepreisen

Die Strukturen der in Tabelle 5-28 dargestellten Elektrizitätserzeugung sind den im Referenzfall für niedrige Gas- und Ölpreise berechneten Technologie- und Energieträgeranteilen recht ähnlich, zeigen sich hier allerdings bei allen Energiepreisen so gut wie unverändert. Unter den Bedingungen des Szenarios Kernkraftausstieg und CO_2-Minderung ist zur Grundlastversorgung mit Elektrizität alternativ zur Verfeuerung von Erdgas weder ein Einsatz von Kernkraftwerken noch die Verstromung von Steinkohle möglich.

	Elektrizitätserzeugung		
	„Ölpreis Niedrig"	**„Ölpreis Trend"**	**„Ölpreis Hoch"**
Energieträger	[GWh]	[GWh]	[GWh]
Kernkraft	0	0	0
Mineralöl	53	53	53
Steinkohle	0	0	0
Erdgas	22.005	22.048	22.048
Windenergie	2.845	2.845	2.845
Solarenergie	15	15	15
Reststoffe	220	232	232
Biomasse	5	5	5
Summe	**25.142**	**25.197**	**25.197**

Tabelle 5-28: Elektrizitätserzeugung nach eingesetzten Energieträgern im Szenario Kernkraftausstieg und CO_2-Minderung

Abbildung 5-8 verdeutlicht die Abhängigkeit der Elektrizitätsversorgung vom Energieträger Erdgas und die mangelnde Reaktionsmöglichkeit auf den Anstieg der Erdgaspreise im mittleren und hohen Energiepreis-Szenario.

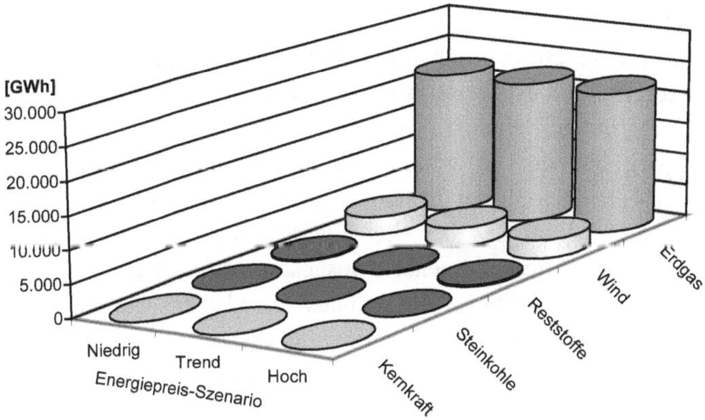

Abbildung 5-8: Elektrizitätserzeugung nach ausgewählten Energieträgern im Szenario Kernkraftausstieg und CO_2-Minderung

Die Fernwärmeerzeugung zeigt im Szenario Kernkraftausstieg und CO_2-Minderung insgesamt einen der geringeren Nachfrage entsprechenden Rückgang und wie in der Elektrizitätserzeugung einen vollständigen Verzicht auf die Verfeuerung von Steinkohle, wie Tabelle 5-29 zu entnehmen ist. Der Anteil von Biomasse-Heizwerken ist hingegen, wie bereits im CO_2-Minderungs-Szenario, durch einen Anstieg bis zur in Abschnitt 3.1.5 festgelegten Kapazitäts-Obergrenze gekennzeichnet.

	Fernwärmeerzeugung
	„Ölpreis Trend"
Energieträger	[TJ]
Mineralöl	477
Steinkohle	0
Erdgas	6.487
Reststoffe	5.490
Biomasse	9.821
Summe	**22.276**

Tabelle 5-29: Fernwärmeerzeugung nach eingesetzten Energieträgern bei mittleren Energiepreisen im Szenario Kernkraftausstieg und CO_2-Minderung

Resultierend aus einem deutlich niedrigeren Endenergiebedarf in den Endverbrauchssektoren durch den verstärkten Einsatz effizienter Neuanlagen und regenerativer Energieträger, einer sinkenden Fernwärmenachfrage und einer Elektrizitätserzeugung auf der Grundlage von erdgasbefeuerten GuD-Kraftwerken zeigt sich in Tabelle 5-30 der Primärenergieverbrauch im Szenario Kernkraftausstieg und CO_2-Minderung bei allen Energiepreisen nahezu unverändert und im Vergleich zum Referenz-Szenario insgesamt um gut 20% niedriger. Trotz des bemerkenswerten Umfangs des Zubaus solarthermischer Anlagen und biomassebefeuerter Heizwerke ruht die Energieversorgung des Untersuchungsgebietes mit 84% des Primärenergieeinsatzes überwiegend auf dem Einsatz von Erdgas: Durch den Verzicht auf den Einsatz der Kernenergie zur Elektrizitätserzeugung müssen zusätzlich zu einer umfangreichen Umstrukturierung der Endverbrauchssektoren nicht nur der Verbrauch von Steinkohle sondern auch der Einsatz von Mineralölprodukten eingestellt bzw. auf ein technologisch bedingtes Mindestmaß beschränkt werden, um das CO_2-Minderungsziel zu erreichen.

	Primärenergieverbrauch	
	Referenz	**Kernkraftausstieg und CO_2-Minderung**
Primärenergie	[TJ]	[TJ]
Steinkohle	1.906	0
Kernkraft	0	0
Mineralöl	98.523	4.655
Erdgas	317.685	309.358
Reststoffe	11.683	8.697
Solarenergie	601	15.229
Windenergie	22.760	22.760
Biomasse	153	11.588
Summe	**453.310**	**372.287**

Tabelle 5-30: Primärenergieverbrauch im Szenario Kernkraftausstieg und CO_2-Minderung bei niedrigen Energiepreisen

Auf die Umstrukturierung der Endverbrauchssektoren sind auch ursächlich die Mehrausgaben zurückzuführen, die im Vergleich zum Referenz-Szenario um bis zu 56% höher liegen, wie Tabelle 5-31 zu entnehmen ist. Da bereits bei niedrigen Energiepreisen eine umfangreiche Installation von Neuanlagen in den Endverbrauchsbereichen notwendig wird, zeigen sich die Ausgaben durchgehend auf einem deutlich höheren Niveau als im Referenz-Szenario. Die Mehrausgaben mit steigenden Energiepreisen fallen allerdings vergleichsweise gering aus, so daß die Ausgaben bei hohen Öl- und Gaspreisen „nur" noch um 38% über denjenigen im Referenz-Szenario liegen.

	Ausgaben		
Szenario	„Ölpreis Niedrig“ [Mio. DM]	„Ölpreis Trend“ [Mio. DM]	„Ölpreis Hoch“ [Mio. DM]
Kernkraftausstieg und CO_2-Minderung	8.406	8.954	11.142
Referenz	5.372	6.000	8.063
Mehrausgaben	**3.034** **56%**	**2.954** **49%**	**3.079** **38%**

Tabelle 5-31: Ausgaben im Szenario Kernkraftausstieg und CO_2-Minderung und im Referenz-Szenario

Die Ergebnisse der Planungsrechnungen unter den Bedingungen des Szenarios Kernkraftausstieg und CO_2-Minderung ergeben, daß im Untersuchungsgebiet unter Inkaufnahme erheblicher Mehrausgaben und der Notwendigkeit von bedeutenden Umstrukturierungen in allen Umwandlungsstufen die Einhaltung des CO_2-Minderungszieles auch bei einem Ausstieg aus der Nutzung der Kernenergie zur Elektrizitätserzeugung möglich ist. Wie bereits in der Beschreibung der Ergebnisse des Referenz-Szenarios ausgeführt wurde, birgt die daraus resultierende starke Abhängigkeit der Energieversorgung vom Erdgas jedoch Gefahren bezüglich der Versorgungssicherheit bei politischen Krisen in den wenigen Lieferländern und einer mangelnden Reaktionsmöglichkeit auf Preissteigerungen.

Auch für das Szenario Kernkraftausstieg und CO_2-Minderung wurden Austauschrelationen zwischen den wirtschaftlichsten und emissionsminimalen Versorgungsstrategien berechnet, deren Verläufe Abbildung 5-9 entnommen werden können. Zu Vergleichszwecken wurden zusätzlich die unter den Bedingungen des CO_2-Minderungs-Szenarios in Abschnitt 5.3.3 ermittelten Austauschrelationen mit einer Berücksichtigung des Einsatzes von Kernkraftwerken abgebildet. Durch den Verzicht auf den Einsatz der Kernenergie liegen die minimal erreichbaren CO_2-Emissionen mit 14,1 Mio. t p.a. im Vergleich zum CO_2-Minderungs-Szenario mit 2,8 Mio. t p.a. wesentlich höher. Weiterhin ist ersichtlich, daß bei jeweils gleichen Energiepreisen eine identische Emissionsminderung ohne den Einsatz der Kernenergie erheblich höhere Mehrausgaben verursacht.

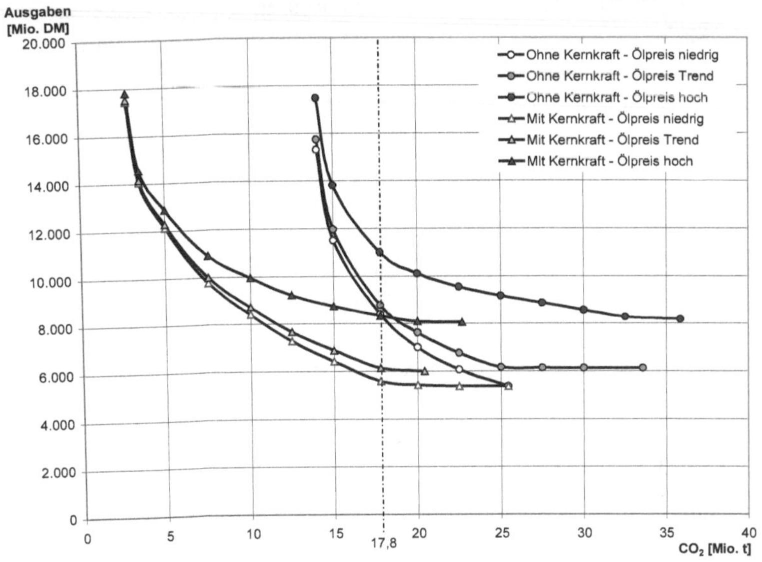

Abbildung 5-9: Austauschrelationen zwischen den ausgaben- und emissionsminimalen Versorgungsstrategien ohne bzw. mit Berücksichtigung der Kernenergie

5.3.5. Berücksichtigung von Stromexporten

Als Variante der bisher durchgeführten Planungsrechnungen sollen nachfolgend in einer kurzen Übersicht die Auswirkungen eines Stromexports über die Grenzen des Untersuchungsgebietes hinaus dargelegt werden, um die gewachsene Position Schleswig-Holsteins als Stromexporteur und auch die Sicht der überregional agierenden Energieversorgungsunternehmen zu berücksichtigen. Nach Inbetriebnahme der Kernkraftwerke entlang der Elbe kann bei Unterstellung eines Normalbetriebs seit Mitte der 1980er Jahre ein Stromexport in Höhe von etwa 10.000 GWh p.a. angenommen und als zusätzlich zu deckender Bedarf in den Planungsrechnungen berücksichtigt werden[132].

---

[132] Zu den Strukturen der Elektrizitätserzeugung im Untersuchungsgebiet vgl. Abschnitt 2.2.2.

Die Planungsrechnungen unter Berücksichtigung von Stromexporten wurden jeweils mit mittleren Energiepreisen durchgeführt und zeigen, daß grundsätzlich in allen hier untersuchten Strategie-Szenarien die zusätzlich zu erzeugende Strommenge bereitgestellt werden kann. Die Stromproduktion wird allerdings nicht proportional im Maße des Mehrbedarfs ausgeweitet, sondern es werden im Rahmen der integrierten Planung und des Optimierungskalküls ebenso wirtschaftlich sinnvolle Maßnahmen in den Endverbrauchssektoren berücksichtigt. So wird in der Bereitstellung von Hochtemperaturwärme vermehrt Erdgas eingesetzt und auch im Anwendungsbereich Niedertemperaturwärme werden Umstrukturierungen über die bereits beschriebenen Änderungen hinaus notwendig. Die resultierende Absenkung des Endenergieverbrauchs kompensiert den mit steigender Stromproduktion erhöhten Energieträgereinsatz in der Elektrizitätserzeugung zur Einhaltung der CO_2-Emissionsgrenzen in den entsprechend restringierten Szenarien.

Die erhöhten Elektrizitätsbedarfe werden durch Steinkohlekraftwerke bzw. im Falle einer Beschränkung der CO_2-Emissionen durch erdgasbefeuerte GuD-Kraftwerke gedeckt; zusätzlich kommen im Szenario Kernkraftausstieg und CO_2-Minderung auch biomassebefeuerte Blockheizkraftwerke und in geringem Maße über die Mindestkapazitäten hinaus auch neue Windkraftanlagen zum Einsatz. Weder im Referenz- noch im CO_2-Minderungs-Szenario werden neue Kernkraftwerke errichtet, so daß auch in den bezüglich des Kernenergieeinsatzes nicht beschränkten Szenarien nur die im Planungsjahr bestehenden Kernkraftwerke in Brokdorf und Krümmel eingesetzt werden. Die gesamte installierte Kraftwerksleistung erreicht jedoch mit gut 7.000 MW eine Größenordnung, welche dem seit Mitte der 1980er Jahre im Untersuchungsgebiet vorgefunden Wert entspricht. Dieses Ergebnis unterstreicht die bereits oben getroffene Aussage, daß große Teile der aktuell im Untersuchungsgebiet installierten Kraftwerkskapazitäten ausschließlich für den Export von Elektrizität über die Landesgrenzen von Hamburg und Schleswig-Holstein hinaus benötigt werden.

	Ausgaben			
	Referenz	**Kernkraft-Ausstieg**	**CO_2-Minderung**	**Kernkraftausstieg und CO_2-Minderung**
Stromexporte	[Mio. DM]	[Mio. DM]	[Mio. DM]	[Mio. DM]
Ohne Berücksichtigung von Stromexporten	6.000	6.129	6.143	8.954
Mit Berücksichtigung von Stromexporten	6.424	6.550	7.101	11.848
Mehrausgaben	**424**	**421**	**958**	**2.894**

Tabelle 5-32: Ausgaben für das Energieversorgungssystem mit bzw. ohne Berücksichtigung von Stromexporten bei mittleren Energiepreisen

Die in Tabelle 5-32 dargestellten Ausgaben für das Energieversorgungssystem mit bzw. ohne Berücksichtigung der Stromexporte zeigen, daß im Planungsjahr eine Erzeugung von Elektrizität über den Bedarf der Untersuchungsregion hinaus durch den notwendigen Zubau von Erzeugungskapazitäten und die Umstrukturierungen in den Endverbrauchssektoren zur Einhaltung der CO_2-Emissionsbeschränkungen wirtschaftlich nicht sinnvoll ist. Bezogen auf die exportierte Elektrizitätsmenge ergeben sich Mehrausgaben von gut 4 Pfg./kWh unter den Bedingungen des Referenz- und des Kernkraftausstiegs-Szenarios sowie von knapp 10 respektive 30 Pfg./kWh in den Szenarien CO_2-Minderung bzw. Kernkraftausstieg und CO_2-Minderung.

Aufgrund der integrierten Planung des Energieversorgungssystems wurden diese Ergebnisse unter Berücksichtigung wirtschaftlich sinnvoller Maßnahmen in den Endverbrauchssektoren erreicht, die jedoch realiter nicht dem Planungs- und Einflußbereich der Elektrizitätsversorgungsunternehmen zuzurechnen sind. Bei einer auf den Umwandlungsbereich beschränkten Betrachtung wären somit tendenziell noch höhere Mehrausgaben zu erwarten und zudem wäre die Einhaltung der CO_2-Minderungsziele durch die Nichtverfügbarkeit ausgleichender Umstrukturierungen im Endverbrauch gefährdet.

6. Abschliessende Betrachtungen

Das im Rahmen der vorliegenden Arbeit hinsichtlich seiner zukünftigen Entwicklungsmöglichkeiten untersuchte Energieversorgungssystem in Hamburg und Schleswig-Holstein unterliegt seit dem Ende der 1990er Jahre einem dynamischen Umstrukturierungsprozeß, der insbesondere auf die umfassende Reform des europäischen und nationalen Energierechts in den Jahren seit 1996 zurückzuführen ist. Die im Energiewirtschaftsgesetz festgelegte Forderung nach einer sicheren, wirtschaftlichen und umweltverträglichen Energieversorgung spannt jedoch auch im Kontext deregulierter Energiemärkte den Rahmen energiewirtschaftlicher Planung auf, wobei der Schwerpunkt zukünftig vermehrt auf dem Ziel der Wirtschaftlichkeit liegen wird. In der aktuellen energie- und umweltpolitischen Diskussion stehen neben der Schaffung wettbewerblich organisierter Marktstrukturen für die leitungsgebundenen Energieträger Elektrizität und Erdgas die Themen Klimaschutz und Nutzung der Kernenergie im Fokus.

In Planungsrechnungen mit dem Energie-Emissions-Modell ***NORDEV*** wurden daher in entsprechenden Strategie-Szenarien sowohl die Verringerung der energiebedingten CO_2-Emissionen um 25% gegenüber dem Basisjahr 1990 als auch ein Ausstieg aus der Nutzung der Kernenergie untersucht. Daneben wurden zur Erfassung der Auswirkungen der im Zeitablauf stark schwankenden Öl- und Gaspreise drei Parameter-Szenarien definiert, in denen durch die Annahme verschiedener Preisentwicklungen für Mineralöl und Erdgas unterschiedliche Preisrelationen zu den weiteren im Modell berücksichtigten Energieträgern unterstellt wurden. Die Planungsrechnungen unterlagen der Prämisse, daß die im untersuchten Energieversorgungssystem installierten energietechnischen Anlagen ausschließlich der Versorgung der Region Hamburg und Schleswig-Holstein dienen. Insbesondere fanden innerhalb der so definierten Versorgungsaufgabe weder der Import noch der Export von Elektrizität über die Grenzen des Untersuchungsgebietes hinaus Beachtung.

Zur Einordnung der Ergebnisse der Strategie-Szenarien wurden Planungsrechnungen mit einem Referenz-Szenario durchgeführt, um eine unter den Annahmen des Planungsmodells zu erwartende Entwicklung ohne weitere zielgerichtete Maßnahmen aufzuzeigen. Die Ergebnisse der Rechnungen unter den Bedingungen des Referenz-Szenarios belegen, daß die von der Kernkraft dominierte Elektrizitätsversorgung im Untersuchungsgebiet aktuell durch bedeutende Überkapazitäten geprägt ist. Darüber hinaus zeigt sich, daß ein Ausstieg aus der Nutzung der Kernenergie im Rahmen der definierten Versorgungsaufgabe grundsätzlich möglich ist und unter bestimmten Bedingungen wirtschaftlich sinnvoll sein kann. Unter der Annahme niedriger Gaspreise werden die nach den Prämissen der Planungsrechnungen wie alle Bestandsanlagen nicht mit zeitanteiligen Investitions- und Rückbauausgaben belasteten Kernkraftwerke auch ohne Restriktionen auf den Einsatz der im Planungsjahr als verfügbar angenommenen Kernkraftwerke durch neu zu errichtende erdgasbefeuerte GuD-Kraftwerke ersetzt.

Der Verzicht auf den Einsatz der Kernenergie führt allerdings zu einem beachtlichen Anstieg der CO_2-Emissionen, wie sich insbesondere im Kernkraftausstiegs-Szenario bei hohen Erdgaspreisen und einer entsprechenden Substitution der Kernenergie in der Elektrizitätserzeugung durch Steinkohle zeigt. Die Berücksichtigung eines CO_2-Emissionsgrenzwertes von 17,8 Mio. t p.a. im CO_2-Minderungs-Szenario und im Szenario Kernkraftausstieg und CO_2-Minderung bestätigen durch den Einsatz der Kernkraftwerke Brokdorf und Krümmel unter allen Energiepreis-Szenarien die Wirtschaftlichkeit des Kernenergieeinsatzes hinsichtlich der Bemühungen um eine Einschränkung der CO_2-Emissionen.

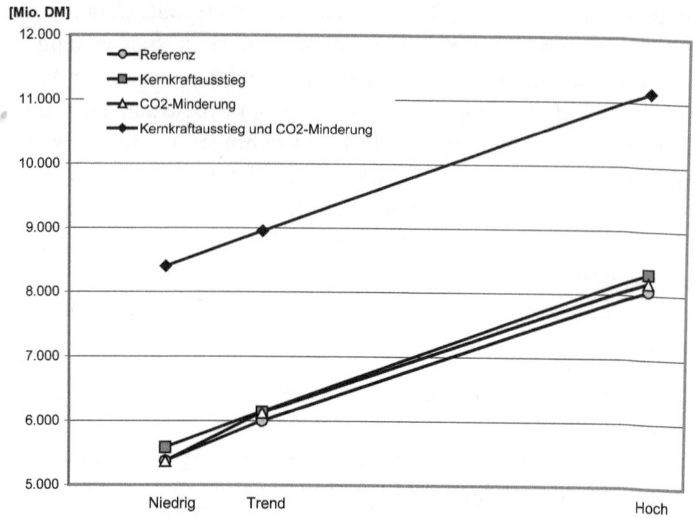

Abbildung 6-1: Ausgaben für das Energieversorgungssystem im Planungsjahr 2010 nach Strategie- und Energiepreis-Szenarien

Die in Abbildung 6-1 dargelegten Ausgaben für das untersuchte Energieversorgungssystem zeigen, daß die Verringerung der CO_2-Emissionen auf ein Niveau von 17,8 Mio. t p.a. und ein Verzicht auf die Nutzung der Kernenergie jeweils separat betrachtet zu relativ geringfügigen Mehrausgaben in bezug auf den Referenzfall führen. Eine simultane Berücksichtigung beider Ziele bedingt jedoch eine umfangreiche und damit vergleichsweise teure Umstrukturierung des Energieversorgungssystems auf allen Umwandlungsstufen.

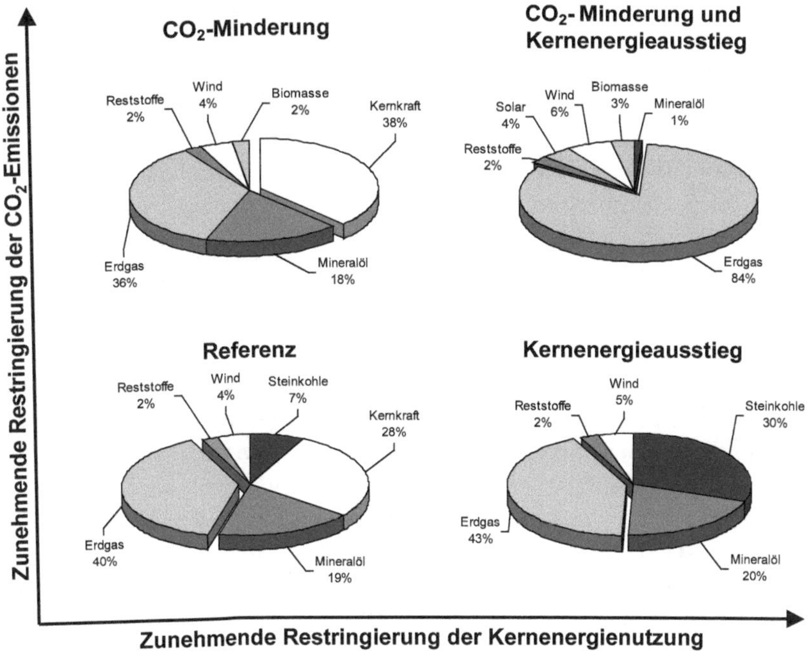

Abbildung 6-2: Mittlere Anteile ausgewählter Primärenergieträger nach Strategie-Szenarien

Eine weitere Folge des Kernkraftausstiegs bei gleichzeitiger Beachtung der CO_2-Emissionsbeschränkung ist die starke Abhängigkeit der Energieversorgung vom Energieträger Erdgas. In Abbildung 6-2 sind Mittelwerte der Primärenergieeinsatzmengen über alle Energiepreis-Szenarien dargestellt, bei deren Ermittlung das Trend-Szenario doppelt und das Niedrig- sowie das Hochpreis-

Szenario jeweils einfach gewichtet wurden. Wie sich zeigt, ist ein ausgewogener Versorgungsmix unter den Bedingungen des Szenarios CO_2-Minderung und Kernkraftausstieg nicht darstellbar, da auf die Verfeuerung von Steinkohle im Umwandlungsbereich verzichtet werden muß und sich der Einsatz von Mineralöl im Endverbrauch auf technologisch bedingte Mindestmengen beschränkt. Aus Abbildung 6-2 wird auch deutlich, daß unter den Bedingungen der Planungsrechnungen der energie- und umweltpolitisch forcierte Einsatz regenerativer Energieträger gemessen an den hohen Erwartungen in allen Szenario-Konstellation noch recht niedrig bleibt. Durch die Berücksichtigung der zeitlich fluktuierenden Einspeisecharakteristik einer Stromerzeugung aus Windkraftanlagen und Photovoltaik geht bei der gegebenen Nachfragestruktur nach Elektrizität im Untersuchungsgebiet die Einspeisung aus regenerativen Quellen zu Lasten einer Elektrizitätserzeugung in Mittellastkraftwerken, dies sind in Hamburg und Schleswig-Holstein hauptsächlich Heizkraftwerke. Eine gewisse Ausweitung der Anteile regenerativer Energieträger zeigt sich zwar unter den Bedingungen des Szenarios Kernkraftausstieg und CO_2-Minderung, jedoch nicht in der Elektrizitätserzeugung, sondern schwerpunktmäßig in der Bereitstellung von Niedertemperaturwärme.

Einer ähnlichen Problematik unterliegt die dezentrale Erzeugung von Elektrizität und Wärme in Blockheizkraftwerken, welche durch den wärmegeführten Einsatz ebenfalls eine zeitlich fluktuierende Einspeisung aufweist. Die technisch durchaus lösbare Aufgabe einer Einbindung von Blockheizkraftwerken in den Netzverbund mit steuerndem Eingriff durch den Lastverteiler würde die fluktuierende Einspeisecharakteristik zwar aufheben, müßte jedoch mit höheren Investitionsausgaben für zusätzliche Regelungstechnik und Wärmespeicher sowie Einbußen im Gesamtwirkungsgrad erkauft werden. Eine derartige Entwicklung ist unter den Bedingungen des deregulierten Elektrizitätsmarktes in den nächsten Jahren nicht zu erwarten und könnte allenfalls durch entsprechende staatliche Eingriffe bewirkt werden.

Zusammenfassend läßt sich festhalten, daß die Ergebnisse der Planungsrechnungen den prima vista erkennbaren Zielkonflikt zwischen einer Minderung der CO_2-Emissionen und einem Ausstieg aus der Nutzung der Kernenergie bestätigen. Ein vollständiger Verzicht auf die Kernenergie ist aus Sicht der Länder Hamburg und Schleswig-Holstein zwar grundsätzlich möglich, aber bei zusätzlicher Berücksichtigung des einschlägigen CO_2-Emissionsminderungsziels wirtschaftlich nicht vertretbar und im Hinblick auf die Versorgungssicherheit durch die Abhängigkeit der Energieversorgung vom Energieträger Erdgas äußerst bedenklich. Die in den Planungsrechungen unterstellte Stillegung der ältesten und leistungsschwächsten Kernkraftwerke in Stade und Brunsbüttel ist hingegen aufgrund der bestehenden Überkapazitäten zumindest unter Vernachlässigung der Stromexporte problemlos möglich. Ein Zubau neuer Kernkraftwerke findet in keiner der hier untersuchten Szenario-Konstellationen statt.

Die energiepolitischen Anstrengungen in Hamburg und Schleswig-Holstein in den nächsten Jahren sollten einer signifikanten Senkung der Nutz- bzw. Endenergienachfrage in den wirklich relevanten Endverbrauchsbereichen Hoch- und Niedertemperaturwärme gelten, statt als erstrangige Ziele eine Stillegung aller Kernkraftwerke in vergleichsweise kurzer Frist und einen Ausbau der Nutzung regenerativer Energien zu betreiben. Erst durch das Ausschöpfen der Einsparungspotentiale können mittelfristig die Rahmenbedingungen für einen wirtschaftlich vertretbaren Ersatz der Kernkraftwerke durch einen ausgewogenen Versorgungsmix moderner erdgas- und steinkohlebefeuerter Kraftwerke geschaffen und gleichermaßen die Einhaltung des CO_2-Emissionsminderungsziels gewährleistet werden.

Es bleibt in bezug auf die Senkung der CO_2-Emissionen allerdings zu fragen, ob angesichts der im Vergleich zum Bundesdurchschnitt heute bereits um gut 15% niedrigeren pro Kopf-Emissionen in Hamburg und Schleswig-Holstein das nationale Minderungsziel nicht einer regionalen Anpassung bedarf. So könnten in einer Art nationaler Joint Implementation - Strategie die regional unterschiedlichen marginalen Minderungskosten berücksichtigt werden und zu insgesamt niedrigeren Mehrausgaben führen[133].

---

[133] Vgl. SCHAUMANN (Klimaverträgliche Wege 1997), S. 174 ff.

Literaturverzeichnis

AGFW (Fernwärmeversorgung 1997): Arbeitsgemeinschaft Fernwärme (Hrsg.): Hauptbericht der Fernwärmeversorgung 1997: Technische Daten zur Fernwärmeversorgung in Deutschland 1997, Frankfurt a. M. 1998

Altrogge (Energie und Umwelt 1999): *Altrogge, G.*: Energie und Umwelt, in: *Wagner, G. R.* (Hrsg.): Unternehmensführung, Ethik und Umwelt: Hartmut Kreikebaum zum 65. Geburtstag, Wiesbaden 1999, S. 525 – 560

Altrogge (Investition und Umwelt 1998): *Altrogge, G.*: Investition und Umwelt, in: *Hansmann, K.-W.* (Hrsg.): Umweltorientierte Betriebswirtschaftslehre, Wiesbaden 1998, S. 267 – 312

Altrogge (Unternehmung und Umwelt 1994), in: *Schiemenz, B.* (Hrsg.): Interaktion - Modellierung, Kommunikation und Lenkung in komplexen Organisationen, Berlin 1994

ASUE (BHKW-Grundlagen 1999): Arbeitsgemeinschaft für sparsamen und umweltfreundlichen Energieverbrauch e.V. (Hrsg.): BHKW-Grundlagen, Kaiserslautern 1999

Baer / Felwor / Kirchhoff / Ziegelmann (KWK-Fernwärmeversorgung 1999): *Baer, E., Felwor, P., Kirchhoff, H.* und *Ziegelmann, G.*: Ende oder Fortbestand der KWK-Fernwärmeversorgung?, in: Energiewirtschaftliche Tagesfragen, 49. Jg. (1999), Heft 5, S. 324 – 329

Baetge / Fischer (Systemanalyse 1989): *Baetge, J.* und *Fischer, T.*: Systemanalyse, in: *Szyperski, N.* (Hrsg.): Handwörterbuch der Planung, Stuttgart 1989, Sp. 1943 – 1952

Bäse (Kraft-Wärme-Kopplung 1999): *Bäse, U.*: Kraft-Wärme-Kopplung verliert an Kraft, in: VDI Nachrichten vom 5.11.1999, S. 33

Bergmann / Hannes (Umwandlungstechniken 2000): *Bergmann, H. und Hannes, K.*: Fortschrittliche Brennstoff-Umwandlungstechniken in zentralen und dezentralen Anlagen, in: VGB Kraftwerkstechnik 80. Jg. (2000), Heft 4, S. 29 – 34

BGBl (Energiewirtschaftsrecht 1998): Gesetz zur Neuregelung des Energiewirtschaftsrechts vom 24.4.1998, Bundesgesetzblatt I 1998, S. 730 – 736

BGBl (Erneuerbare Energien 2000): Gesetz für den Vorrang Erneuerbarer Energien (Erneuerbare-Energien-Gesetz - EEG) sowie zur Änderung des Energiewirtschaftsgesetzes und des Mineralölsteuergesetzes vom 29.3.2000, Bundesgesetzblatt I 2000, S. 305 – 309

BGBl (Kraft-Wärme-Kopplung 2000): Gesetz zum Schutz der Stromerzeugung aus Kraft-Wärme-Kopplung (Kraft-Wärme-Kopplungs-Gesetz) vom 12.5.2000, Bundesgesetzblatt I 2000, S. 703 – 704

BGBl (Ökologische Steuerreform 1999): Gesetz zum Einstieg in die ökologische Steuerreform vom 3.3.1999, Bundesgesetzblatt I 1999, S. 378 ff.

BGBl (Steinkohle 1997): Gesetz zur Neuordnung der Steinkohlesubventionen vom 17.12.1997, Bundesgesetzblatt I 1997, S. 3048 ff.

BMU (Klimakonvention 1992): Bundesministerium für Umwelt, Naturschutz und Reaktorsicherheit (Hrsg.): Konferenz der Vereinten Nationen für Umwelt und Entwicklung im Juni 1992 in Rio de Janeiro, Bonn 1992

BMU (Klimaschutz 1994): Bundesministerium für Umwelt, Naturschutz und Reaktorsicherheit (Hrsg.): Klimaschutz in Deutschland. Erster Bericht der Regierung der Bundesrepublik Deutschland nach dem Rahmenabkommen der Vereinten Nationen über Klimaänderungen, Bonn 1994

BMWi (Energiedaten 2000): Bundesministerium für Wirtschaft und Technologie (Hrsg.): Energie Daten 2000. Nationale und internationale Entwicklung, Berlin 2000

BMWi (Energiemärkte 1999): Bundesministerium für Wirtschaft und Technologie (Hrsg.): Die längerfristige Entwicklung der Energiemärkte im Zeichen von Wettbewerb und Umwelt, Kurzfassung der Untersuchung im Auftrag des Bundesministeriums für Wirtschaft und Technologie, Berlin 1999

BMWi (Kohlekraftwerke 1999): Bundesministerium für Wirtschaft und Technologie (Hrsg.): Kohlekraftwerke der Zukunft: sauber und wirtschaftlich, Berlin 1999

BMWi (Reserven 1999): Bundesministerium für Wirtschaft und Technologie (Hrsg.): Reserven, Ressourcen und Verfügbarkeit von Energierohstoffen, BMWi-Dokumentation Nr. 465, Zusammenfassung der Studie "Reserven, Ressourcen und Verfügbarkeit von Energierohstoffen 1998" der Bundesanstalt für Geowissenschaften und Rohstoffe (BGR) im Auftrag des Bundesministeriums für Wirtschaft und Technologie, Berlin 1999

Böhnisch / Langniss / Nitsch / Staiss (BHKW 1996): *Böhnisch, H., Langniß, O., Nitsch, J.* und *Staiß, F.*: Einsatzbereich und Wirtschaftlichkeit von Blockheizkraftwerken in Kommunen, in: Elektrizitätswirtschaft, 95. Jg. (1996), Heft 4, S. 145 – 152

Bolle (Deregulierung 1993), *Bolle, F.*: Deregulierung und Wettbewerb, in: *Pfaffenberger, W.*: Elektrizitätswirtschaft, München 1993, S. 231 – 277

Brauch (Energiepolitik 1997): *Brauch, H. G.*: Energiepolitik im Zeichen der Klimapolitik beim Übergang zum 21. Jahrhundert, in: *Brauch, H. G.* (Hrsg.): Energiepolitik: Technische Entwicklung, politische Strategien, Handlungskonzepte zu erneuerbaren Energien und zur rationellen Energienutzung, Berlin u.a. 1997, S. 1 – 24

Bundesregierung (Koalitionsvereinbarung 1998): Koalitionsvereinbarung zwischen der Sozialdemokratischen Partei Deutschlands und Bündnis 90 / Die Grünen, Bonn 1998, im Internet unter www.bundesregierung.de, besucht am 13.1.2000

BVerfG (Kohlepfennig 1994): Bundesverfassungsgericht, Beschluß vom 11.10.1994 – 2 BvR 633/86

BWK (Gasmarkt Deutschland 2000): o.V.: Gasmarkt Deutschland, in: Brennstoff Wärme Kraft 52. Jg. (2000), Nr. 3, S. 11 – 19

Creuzburg (Solarenergie 2000): *Creuzburg, M.*: Solarthermie und Photovoltaik im Kostenvergleich, in: Sonne Wind & Wärme, Heft 1 / 2000, S. 12 – 15

Dinkelbach (Entscheidungsmodelle 1982): *Dinkelbach, W.*: Entscheidungsmodelle Berlin u.a. 1982

DIW (Ausstieg 1997): Deutsches Institut für Wirtschaftsforschung (Hrsg.): Ausstieg aus der Kernenergie. Wirtschaftliche Auswirkungen aus der Sicht eines Energieversorgungsunternehmens, Wochenbericht 31/1997, Berlin 1997

DIW (CO_2-Emissionen 1999): Deutsches Institut für Wirtschaftsforschung (Hrsg.): CO_2-Emissionen in Deutschland: Weiterhin vom Zielpfad entfernt, Wochenbericht 6/1999, Berlin 1999

DIW (Steuerreform 1999): Deutsches Institut für Wirtschaftsforschung (Hrsg.): Nur zaghafter Einstieg in die ökologische Steuerreform, Wochenbericht 36/1999, Berlin 1999

DNK (Energie 1997): Deutsches Nationales Komitee des Weltenergierates (Hrsg.): Energie für Deutschland. Fakten, Perspektiven und Positionen im globalen Kontext, Düsseldorf 1997

DVG (Jahresbericht 1997): Deutsche Verbundgesellschaft (Hrsg.): Jahresbericht 1997, Heidelberg 1998

E.ON (Stade 2000): E.ON Energie AG: Abschaltung des Kernkraftwerkes Stade im Jahr 2003 geplant, Pressemeldung vom 9.10.2000, im Internet unter www.eon-energie.com/presse, besucht am 5.1.2001

ENERGIESPIEGEL (Windstrom 1999): o. V.: Energiespiegel: Für Windstrom unbegrenzte Einspeisung geplant, in: VDI Nachrichten vom 5.11.1999, S. 33

ENQUETE (Erdatmosphäre 1995): Schlußbericht der Enquete-Kommission "Schutz der Erdatmosphäre" des 12. Deutschen Bundestages: Mehr Zukunft für die Erde: Nachhaltige Energiepolitik für dauerhaften Klimaschutz, Bonn 1995

EU-AMTSBLATT (Richtlinie 1997): Richtlinie 96/92/EG des europäischen Parlaments und des Rates vom 19. Dezember 1996 betreffend gemeinsame Vorschriften für den Elektrizitätsbinnenmarkt, in: Amtsblatt der Europäischen Gemeinschaften, Nr. L 27/20 DE vom 30.1.1997

EWU (Kennziffern 1999): EWU Engineering GmbH (Hrsg.): Kennziffernkatalog. Investitionsvorbereitung in der Energiewirtschaft, 11. Ausg., Berlin 1999

FAHL / SCHAUMANN (Energie und Klima 1996): *Fahl, U.* und *Schaumann, P.*: Energie und Klima als Optimierungsproblem am Beispiel Niedersachsen, Stuttgart 1996

FISCHEDICK (Erneuerbare Energien 1995): *Fischedick, M.*: Erneuerbare Energien und Blockheizkraftwerke im Kraftwerksverbund: Technische Effekte, Kosten, Emissionen, Stuttgart 1995

FRANKEN (Müllverbrennung 1998): *Franken, M.*: Verbrennung und kalte Rotte sind für viele Experten gleichwertig, in: VDI Nachrichten vom 10.4.1998, S. 22

FREWER / MELISS (Stromerzeugung 1992): *Frewer, H.* und *Melíß, M.*: Stromerzeugung - Perspektiven der Kraftwerkstechnik, in: Voß, A. (Hrsg.): Die Zukunft der Stromversorgung, Frankfurt a. M. 1992, S. 49 – 122

GAL (Atomausstieg 1997): *Grosse-Wiesmann, P.* und *Bühler, A.*: HEW-Atomausstieg durch GuD-Kraftwerke. Studie im Auftrag der Hamburgischen Bürgerschaftsfraktion von Bündnis 90 / Die Grünen, Hamburg 1997

GÄLWEILER (Energiekosten 1981): *Gälweiler, A.*: Abrechnung der Energiekosten, in *Kosiol, E., Chmielewicz, K.* und *Schweitzer, M.* (Hrsg.): Handwörterbuch des Rechnungswesens, 2. Aufl., Stuttgart 1981, Sp. 463 – 471

GRUBEL / WEINMANN (Brennstoffzelle 1999): *Grubel, H.* und *Weinmann, O.*: Wasserstoff speist Brennstoffzellen-BHKW, in: Sonnenenergie & Wärmetechnik, 23. Jg. (1999), Heft 2, S. 52 – 55

HAASIS (Energie-Umwelt-Modell 1987): *Haasis, H.-D.*: Entwicklung und Analyse von Emissionsminderungsstrategien mittels eines optimierenden Energie-Umwelt-Modells, Karlsruhe 1987

HAMBURG (Energiebilanz 1997): Statistisches Landesamt Hamburg: Energiebilanz Hamburg 1997

HAMBURG (Klimaschutzgesetz 1997): Hamburgisches Klimaschutzgesetz vom 25.6.1997, Gesetz- und Verordnungsblatt 1997, S. 261

HAMBURG (Koalitionsvereinbarung 1997): Grundlagenvereinbarung über eine Koalition zwischen der SPD und GAL in Hamburg für die Legislaturperiode 1997 – 2001, Hamburg 1997, im Internet unter www.hamburg.de/StadtPol/koalition, besucht am 21.4.1998

HAMBURGER ABENDBLATT (Atom-Ausstieg): O. V.: Atom-Ausstieg: HEW sträuben sich, in: Hamburger Abendblatt vom 31.12.1997, S. 13

HAMBURGER ABENDBLATT (Großkunde Industrie 1998): O. V.: Großkunde Industrie, in: Hamburger Abendblatt vom 17.11.1998, Sonderbeilage Energie & Umwelt, S. 3

HANICKE (Energieversorgungsplanung 1986): *Hanicke, T.*: Energieversorgungsplanung in der Bundesrepublik Deutschland mit Hilfe eines linearen Vektoroptimierungsmodells, Düsseldorf 1986

Hanssmann (Energiemodelle 1976): *Hanssmann, F.*: Energiemodelle kritisch gesehen, in: Energiewirtschaftliche Tagesfragen, 26. Jg. (1976), Heft 6, S. 291 – 294

Hanssmann (Entscheidungsmodelle 1978): *Hanssmann, F.*: Die Rolle von Entscheidungsmodellen in der strategischen Planung, in: *Müller-Merbach, H.* (Hrsg.): Quantitative Ansätze in der Betriebswirtschaftslehre, München 1978, S. 31 – 44

Hanssmann (Systemforschung 1987): *Hanssmann, F.*: Einführung in die Systemforschung, 3. völlig überarb. Aufl., München 1987

Harmsen / Kohler / Müschen (Bessere Luft 1985): *Harmsen, A., Kohler, S.* und *Müschen, K.*: Bessere Luft für Hamburg: Konzept zur rationellen Energienutzung und Luftsanierung am Beispiel des Ballungsraumes Hamburg. Gutachten im Auftrag der Überparteilichen Aktion von Bürgervereinen "Bessere Luft für Hamburg" durch das Öko-Institut Freiburg, Hamburg 1985

Hasselmann (Klima 1999): *Hasselmann, K.*: Was verstehen wir vom Klima?, in: VDI Nachrichten vom 11.6.1999, S. 2

Hein / Drexler (Kraft-Wärme-Kopplung 1984): *Hein, K.* und *Drexler, H.*: Kraft-Wärme-Kopplung aus der Sicht des Betreibers, in: *Kiss, M. G.* (Hrsg.): Systemwahl für Wärmeversorgungsanlagen, Wiesbaden und Berlin 1984, S. 106 – 128

Hermann (Versorgungskonzept 1988): *Hermann, H.*: Entwicklung eines regionalen Versorgungskonzeptes (Integriertes Versorgungskonzept) - Fallstudie Hamburg - Studie im Auftrag des Bundesministers für Forschung und Technologie und der Freien und Hansestadt Hamburg, Bonn 1988

Heuck (Energieversorgung 1999): *Heuck, K.*: Elektrische Energieversorgung, 4. Aufl., Braunschweig 1999

HEW (Geschäftsbericht 1997): Hamburgische Electricitäts-Werke AG (Hrsg.): Bericht über 104. Geschäftsjahr, Hamburg 1998

HEW (Geschäftsbericht 1999): Hamburgische Electricitäts-Werke AG (Hrsg.): Bericht über 106. Geschäftsjahr, Hamburg 2000

HEW (Umweltbericht 1996): Hamburgische Electricitäts-Werke AG (Hrsg.): Umweltbericht 1996, Hamburg 1997

HEW (Umweltbericht 1998): Hamburgische Electricitäts-Werke AG (Hrsg.): Umweltbericht 1998, Hamburg 1999

HILLEBRAND (Stromerzeugungskosten 1997): *Hillebrand, B.*: Stromerzeugungskosten neu zu errichtender konventioneller Kraftwerke, Rheinisch-Westfälisches Institut für Wirtschaftsforschung: RWI-Papiere Nr. 47, Essen 1997

HORLACHER / THEWALT (Wasserkraft 1993): *Horlacher, H.-B.* und *Thewalt, A.*: Stromerzeugung aus Wasserkraft, in: *Kaltschmitt, M.* und *Wiese, A.* (Hrsg.): Erneuerbare Energieträger in Deutschland. Potentiale und Kosten, Berlin u.a. 1993, S. 107 – 128

HORRIGHS (Strategien und Prognosebedeutung 1987): *Horrighs, W.*: Strategien und Prognosebedeutung in der Energiewirtschaft, Gräfelfing 1987

HOSTER (Binnenmarkt 1996): *Hoster, F.*: Die Auswirkungen des europäischen Binnenmarktes für Energie auf die deutsche Elektrizitätswirtschaft: Ein Ansatz zur Analyse ordnungs- und umweltpolitischer Instrumente in der Elektrizitätswirtschaft, München 1996

ISET (Jahresauswertung 1998): Institut für Solare Energieversorgungstechnik (ISET) (Hrsg.): Wissenschaftliches Meß- und Evaluierungsprogramm zum Breitentest "250 MW Wind": Jahresauswertung 1998, Kassel 1999

JABLONSKI (Brennstoffzellen 2000): *Jablonski, R.*: Brennstoffzellen in der Energieversorgung, in: VGB Kraftwerkstechnik 80. Jg. (2000), Heft 4, S. 35 – 38

JARASS ET AL. (Windkraft 1981): *Jarass, L., Hoffmann, L., Jarass, A.* und *Obermair, G.*: Windenergie, Berichtigter Nachdruck, Berlin Heidelberg New York 1981

KAIL / HABERBERGER (Kraft-Wärme-Kopplung 1999): *Kail, C.* und *Haberberger, G.*: Technik und Kosten der Kraft-Wärme-Kopplung bei GUD- und Dampfkraftwerken, in: VDI-Berichte Nr. 1495, Entwicklungslinien in der Energie- und Kraftwerkstechnik, Düsseldorf 1999, S. 95 – 111

KALTSCHMITT / FISCHEDICK (Wind- und Solarstrom 1995): *Kaltschmitt, M.* und *Fischedick, M.*: Wind- und Solarstrom im Kraftwerksverbund. Möglichkeiten und Grenzen, Heidelberg 1995

Kaltschmitt / Wiese (Reststoffe 1993): *Kaltschmitt, M.* und *Wiese, A.*: Energetische Nutzung von Reststoffen der Tierhaltung, in: *Kaltschmitt, M.* und *Wiese, A.* (Hrsg.): Erneuerbare Energieträger in Deutschland - Potentiale und Kosten; Berlin und Heidelberg 1993, S. 225 – 261

Kaltschmitt / Wiese / Frisch (Vergleich 1993): *Kaltschmitt, M., Wiese, A.* und *Frisch, J.*: Zusammenfassender Vergleich, in: *Kaltschmitt, M.* und *Wiese, A.* (Hrsg.): Erneuerbare Energieträger in Deutschland - Potentiale und Kosten; Berlin und Heidelberg 1993, S. 319 – 347

Kaltschmitt et al. (Photovoltaik 1997): *Kaltschmitt, M., Pfisterer, F., Wiese, M.* und *Hartmann, D.*: Photovoltaische Stromerzeugung, in: *Kaltschmitt, M.* und *Wiese, M.* (Hrsg.): Erneuerbare Energien: Systemtechnik, Wirtschaftlichkeit, Umweltaspekte, 2. Aufl., Berlin u.a. 1997, S. 177 – 238

Kaltschmitt et al. (Windenergie 1997): *Kaltschmitt, M., Wiese, M., Nimz, G.* und *Hartmann, D.*: Stromerzeugung aus Windenergie, in: *Kaltschmitt, M.* und *Wiese, M.* (Hrsg.): Erneuerbare Energien: Systemtechnik, Wirtschaftlichkeit, Umweltaspekte, 2. Aufl., Berlin u.a. 1997, S. 239 – 296

Kaulbarsch / Zwahr (Müllverbrennung 2000): *Kaulbarsch, R.* und *Zwahr, H.*: Die Bedeutung der Müllverbrennungsanlagen in Hamburg für die Fernwärme- und Industriedampfversorgung, in: VGB Kraftwerkstechnik 80. Jg. (2000), Heft 5, S. 97 – 102

Kleemann / Meliss (Regenerative 1993): *Kleemann, M.* und *Melιß, M.*: Regenerative Energiequellen, 2. völlig neubearb. Aufl., Berlin u.a. 1993

Knizia (Energiepolitik 1996): *Knizia, K.*: Gefährdet das Klima unserer Energiepolitik die Erde?, in: VGB Kraftwerkstechnik, 76. Jg. (1996), Heft 7, S. 538 – 543

Köpke (Repowering 1999): *Köpke, R.*: „Aus veraltet und klein wird modern und leistungsstark", in: VDI Nachrichten vom 17.9.1999, S. 29

Krupp (Auskunft 2000): *Krupp, C.*, Umweltbehörde Hamburg: Telefonische Auskunft vom 21.6.2000

Kugeler / Phlippen (Energietechnik 1990): *Kugeler, K.* und *Phlippen, P.-W.*: Energietechnik, Berlin Heidelberg 1990

LECHLEIN / NIMZ (Netzeinbindung 1996): *Lechlein, H.* und *Nimz, G.*: Netzeinbindung von Kleinerzeugern, in: Elektrizitätswirtschaft, 95. Jg. (1996), Heft 25, S. 1678 – 1684

LINDO (Solver Suite 1996): LINDO Systems Inc. (Hrsg.): Solver Suite - LINDO, LINGO and What's Best!, Chicago 1996

LIST (Öko-Stromsteuer 1999): *List, H.*: Gedanken zur Öko-Stromsteuer, in: Der Betrieb, 51. Jg. (1999), Heft 32, S. 1623 – 1626

LÜTH (Energieversorgung 1997): *Lüth, O. A.*: Strategien zur Energieversorgung unter Berücksichtigung von Emissionsrestriktionen: Entwicklung eines Energie-Emissions-Modells für kleine Länder bzw. Regionen, Düsseldorf 1997

LUX (Fluktuierende Einspeisung 1999): *Lux, R.*: Auswirkungen fluktuierender Einspeisung auf die Stromerzeugung konventioneller Kraftwerkssysteme, Stuttgart 1999

LUX / KALTSCHMITT (Wärmepumpen 1997): *Lux, R.* und *Kaltschmitt, M.*: Außenluft- und erdreichgekoppelte Wärmepumpen - Systemtechnische und energiewirtschaftliche Analyse, in: Zeitschrift für Energiewirtschaft 1/1997, S. 69 – 77

MARTINSEN / MARKEWITZ (Szenarien 1996): *Martinsen, D.* und *Markewitz, P.*: Politikszenarien für den Klimaschutz: Rechnungen mit dem IKARUS-Optimierungsmodell, in: *Hake, J.-F.* et al. (Hrsg.): Energieforschung. Konferenzen des Forschungszentrums Jülich, Bd. 20, Teil II, Jülich 1996, S. 674

MATSCHKE / KLINGELHÖFER (Restriktionen 1996): *Matschke, M. J.* und *Klingelhöfer, H. E.*: Kurzfristige Anpassungsmaßnahmen an ökologische Restriktionen in der Produktion bei einer Massenrestriktion, in: Das Wirtschaftsstudium 25. Jg. (1996), Heft 2, S. 127 – 133

MÜLLER (Elektrizitätswirtschaft 1998): *Müller, L.*: Handbuch der Elektrizitätswirtschaft, Berlin u.a. 1998

MÜLLER (Energiepolitik 1999): *Müller, W.*: Energiepolitik: Rückbesinnung auf die Soziale Marktwirtschaft, in: VDI Nachrichten vom 25.6.1999, S. 2

MÜLLER-MERBACH (OR 1973): *Müller-Merbach, H.*: Operations Research, 3., durchgesehene Auflage, München 1973

MÜLLER-MERBACH (Planung 1989): *Müller-Merbach, H.*: Operations Research und Planung, in: *Szyperski, N.* (Hrsg.): Handwörterbuch der Planung, Stuttgart 1989, Sp. 1290 – 1299

ÖKO-INSTITUT (GEMIS 2000): Institut für angewandte Ökologie e.V. (Öko-Institut): Globales Emissions-Modell integrierter Systeme (GEMIS), Version 4.0, Darmstadt, Freiburg, Berlin 2000

PFAFFENBERGER (Elektrizitätswirtschaft 1993): *Pfaffenberger, W.*: Elektrizitätswirtschaft, München 1993

PFAFFENBERGER ET AL. (Binnenmarkt 1992): *Pfaffenberger, W.* et al.: Auswirkungen des EG-Binnenmarktes für Energie auf die räumliche Energieversorgung, Idstein 1992

PLUTONIUM (1999): o.V.: Wohin mit dem deutschen Plutonium?, in: VDI Nachrichten vom 5.2.1999, S. 5

PREUSSENELEKTRA (Geschäftsbericht 1998): PreussenElektra Aktiengesellschaft (Hrsg.): Geschäftsbericht 1998, Hannover 1999

PREUSSENELEKTRA (Kernkraft 1999): PreussenElektra Kernkraft (Hrsg.): PreussenElektra Kernkraft - für eine sichere Stromversorgung, Hannover 1999

PREUSSENELEKTRA (Kraftwerke 1999): PreussenElektra Kraftwerke (Hrsg.): PreussenElektra Kraftwerke - für eine effiziente Stromerzeugung, 2. Aufl., Hannover 1999

PROGNOS (Energiereport 1992): Prognos AG (Hrsg.): Energiereport 2010: Die energiewirtschaftliche Entwicklung in Deutschland, Stuttgart 1992

PROGNOS (Energiereport 1996): Prognos AG (Hrsg.): Energiereport II. Die Energiemärkte Deutschlands im zusammenwachsenden Europa: Perspektiven bis zum Jahr 2020, Stuttgart 1996

READWIN (Planungsmodell 1985): *Readwin, A. M.*: Ein energiewirtschaftliches Planungsmodell zur Bestimmung effizienter Versorgungsstrategien, Frankfurt a. M. 1985

RISTAU (Strombörsen 1999): *Ristau, O.*: Parkett unter Strom, in: VDI Nachrichten vom 29.10.1999, S. 33

RWE (Energieflußbild 1995): RWE Energie AG (Hrsg.): Energieflußbild der Bundesrepublik Deutschland 1995, Essen o. J.

SAUER / ZEISE (Energietransport 1982): *Sauer, E.* und *Zeise, R.*: Energietransport, -speicherung und –verteilung, Gräfelfing und Köln 1982

SCHAUMANN (Klimaverträgliche Wege 1997): *Schaumann, P.*: Klimaverträgliche Wege der Entwicklung der deutschen Strom- und Fernwärmeversorgung. Systemanalyse mit einem regionalisierten Energiemodell, Stuttgart 1997

SCHLENZIG (PlaNet 1997): *Schlenzig, C.*: PlaNet: ein entscheidungsunterstützendes System für die Energie- und Umweltplanung, Stuttgart 1997

SCHLESWIG-HOLSTEIN (Atomkraft 1999): Ministerium für Finanzen und Energie des Landes Schleswig-Holstein (Hrsg.): Gefahren der Atomkraft, 2., aktualisierte Aufl., Kiel 1999

SCHLESWIG-HOLSTEIN (Energiebericht 1995): Ministerium für Finanzen und Energie des Landes Schleswig-Holstein (Hrsg.): Energiebericht Schleswig-Holstein 1995, Kiel 1995

SCHLESWIG-HOLSTEIN (Energiebericht 1999): Ministerium für Finanzen und Energie des Landes Schleswig-Holstein (Hrsg.): Energiebericht Schleswig-Holstein 1999, Kiel 1999

SCHLESWIG-HOLSTEIN (Energieversorgung 1993): Schleswig-Holsteinischer Landtag (Hrsg.): Energieversorgung in Schleswig-Holstein bis zum Jahr 2010. Prognose des Energieverbrauchs und der CO_2-Emissionen, Kiel 1993

SCHMIDT (Erdgas-Kraftwerke 1999): *Schmidt, E.*: Erdgas-Kraftwerke locken mit günstigen Kostenstrukturen, in: VDI Nachrichten vom 8.1.1999, S. 11

SCHMITT (Kernenergieausstieg 1999): *Schmitt, D.*: Kosten eines Kernenergieausstiegs in Deutschland, in: Energiewirtschaftliche Tagesfragen, 49. Jg. (1999), Heft 1–2, S. 6 – 10

SCHMITT / SCHMITZ / SUDING (Windenergieeinsatz 1985): *Schmitt, D.*, *Schmitz, A.* und *Suding, P. H.*: Ökonomische Aspekte des Windenergieeinsatzes in Mittelgebirgslagen, in: Zeitschrift für Energiewirtschaft 2/1985, S. 95 – 107

SCHNEEWEIß (Planung 1991): *Schneeweiß, C.*: Planung, Bd. 1: Systemanalytische und entscheidungstheoretische Grundlagen, Berlin u.a. 1991

SCHNEEWEIß (Planung 1992): *Schneeweiß, C.*: Planung, Bd. 2: Konzepte der Prozeßgestaltung und Modellgestaltung, Berlin u.a. 1992

SCHNEIDER (Energieplanung 1989): *Schneider, H. K.*: Energieplanung, in: *Szyperski, N.* (Hrsg.): Handwörterbuch der Planung, Stuttgart 1989, Sp. 361 – 367

SCHWENK / REHFELDT (Offshore 1999): *Schwenk, B.* und *Rehfeldt, K.*: Stürmische Zeiten in Sicht. Untersuchungen zur Wirtschaftlichkeit von Windenergieanlagen im Offshorebereich, in: Sonnenenergie, 24. Jg. (1999), Heft 1, S. 24 – 27

SHELL (Energie 1995): Deutsche Shell AG (Hrsg.): Energie im 21. Jahrhundert, Betrachtungen zur Entwicklung des Welt-Energieverbrauchs, Aktuelle Wirtschaftsanalysen, Heft 25, Hamburg 1995

SHELL (Weltenergie 1995): Deutsche Shell AG (Hrsg.): Weltenergie - Daten und Fakten, Shell Briefing Service, Heft 1/1995, Hamburg 1995

SONTOW / KALTSCHMITT (Kapazitätseffekte 1999): *Sontow, J.* und *Kaltschmitt, M.*: Kapazitätseffekte einer Windstromerzeugung, in: Brennstoff Wärme Kraft 51. Jg. (1999), Nr. 11 / 12, S. 68 – 73

STADTREINIGUNG (Betriebsbericht 1999): Stadtreinigung Hamburg (Hrsg.): Müllverbrennungsanlage Stellinger Moor, Betriebsbericht 1999, Hamburg 2000

STIMMING (Brennstoffzellen 1999): *Stimming, U.*: Brennstoffzellen für die stationäre Kraft-Wärme-Kopplung – Entwicklungsstand und Ausblick -, in: VDI-Berichte Nr. 1485, Blockheizkraftwerke '99, Düsseldorf 1999, S. 61 – 77

TEICHEL / SCHNEIDER (EPR 1999): *Teichel, H.* und *Schneider, D.*: Der Europäische Druckwasserreaktor (EPR), in: VDI-Berichte Nr. 1457, Fortschrittliche Energiewandlung und -anwendung, Düsseldorf 1999, S. 113 – 123

TRÖSCHER (Planung 1989): *Tröscher, H.*: Planung in Energieversorgungsunternehmen, in: *Szyperski, N.* (Hrsg.): Handwörterbuch der Planung, Stuttgart 1989, Sp. 368 – 373

UBA (Umweltdaten 1998): Umweltbundesamt (Hrsg.): Umweltdaten Deutschland 1998, Berlin 1998

UMWELTBEHÖRDE (Erneuerbare Energien 1999): Freie und Hansestadt Hamburg, Umweltbehörde: „Sonne & Co. im Aufwind: Deutliche Steigerung der erneuerbaren Energien in Hamburg“, Pressemitteilung vom 3.8.1999, im Internet unter www.hamburg.de/behoerden/umweltbehoerde/presse/p_990803.htm, besucht am 12.8.1999

UMWELTBEHÖRDE (Gutachten 1999): Umweltbehörde der Freien und Hansestadt Hamburg (Hrsg.): Gutachten über die Wirtschaftlichkeit der HEW-Kernkraftwerke, Hamburg 1999

UMWELTBEHÖRDE (Umweltatlas 1999): Freie und Hansestadt Hamburg, Umweltbehörde: Digitaler Umweltatlas Hamburg, im Internet unter www.hamburg.de/behoerden/umweltbehoerde/duawww.htm, besucht am 2.12.1999

UMWELTRECHT (1998): o.V.: Umweltrecht, 2. akt. Aufl., Frankfurt a. M. 1998

VDEW (Begriffsbestimmungen 1990): Vereinigung Dt. Elektrizitätswerke (Hrsg.): Begriffsbestimmungen in der Energiewirtschaft, Teil 1 - Elektrizitätswirtschaftliche Grundbegriffe, 6. Aufl., Frankfurt a. M. 1990

VDEW (Jahresbericht 1998): Vereinigung Dt. Elektrizitätswerke (Hrsg.): Jahresbericht 1998, Frankfurt a. M. 1999

VDEW (Strommarkt 1997): Vereinigung Dt. Elektrizitätswerke (Hrsg.): Strommarkt Deutschland 1997, Frankfurt a. M. 1998

VDI (Kraftwerkstechnik 1999): VDI (Hrsg.): Entwicklungslinien in der Energie- und Kraftwerkstechnik, VDI-Berichte Nr. 1495, Düsseldorf 1999

VIK (Statistik 1997/98): Verband der Industriellen Energie- und Kraftwirtschaft c.V. (Hrsg.): Statistik der Energiewirtschaft 1997/98, Essen 1999

VOSS (Energiemodelle 1997): *Voß, A.*: Einleitung: Erfahrungen, Grenzen und Nutzen von Energiemodellen, in: *Molt, S.* und *Fahl, U.* (Hrsg.): Energiemodelle in der Bundesrepublik Deutschland - Stand der Entwicklung: Proceedings eines Workshops, Jülich 1997, S. 1 – 10

VOSS (Nachhaltigkeit 1999): *Voß, A.*: Nachhaltigkeit in der Energieversorgung - Relevante Stromerzeugungstechniken auf dem Prüfstand, in: VGB Kraftwerkstechnik 79. Jg. (1999), Heft 1, S. 25 – 29

VOSS / GEISSLER (Strategische Energiemodelle 1981): *Voß, A.* und *Geißler, E.*: Umsetzen praktischer Energiebedarfsforschung in strategischen Energiemodellen, in: *Schaefer, H.* (Hrsg.): Praktische Energiebedarfsforschung, Schriftenreihe der Forschungsstelle für Energiewirtschaft, Bd. 14, Berlin Heidelberg New York 1981

WAGNER (Photovoltaik 1998): *Wagner, H.*: Photovoltaik: Steigender Umsatz und fallende Kosten, in: *Hake, J.-F.* et al. (Hrsg.): Energieforschung 1998, Jülich 1998, S. 81 – 91

WIESE / KALTSCHMITT (Solarenergie 1993): *Wiese, A.* und *Kaltschmitt, M.*: Solarthermische und photovoltaische Nutzung der Sonnenenergie, in: *Kaltschmitt, M.* und *Wiese, A.* (Hrsg.): Erneuerbare Energieträger in Deutschland - Potentiale und Kosten; Berlin und Heidelberg 1993, S. 19 – 72

WIETSCHEL (Energieversorgung 1995): *Wietschel, M.*: Die Wirtschaftlichkeit klimaverträglicher Energieversorgung: Entwicklung und Bewertung von CO_2-Minderungsstrategien in der Energieversorgung und - nachfrage, Berlin 1995

SYMBOLE DER MODELLFORMULIERUNG

Alle zur Modellformulierung verwendeten Symbole wurden nach den Konventionen der Modellierungssprache LINGO 3.1 als Setnamen, Setelemente bzw. Attribute von Setelementen definiert, so daß die Beschreibung der Symbole gemäß nachstehendem Muster den Setdefinitionen entspricht:

SET	*SETNAME*	
Element 1	*Bezeichnung Element 1*	
Element 2	*Bezeichnung Element 2*	
...	...	
Element n	*Bezeichnung Element n*	
[Attribut 1	*Bezeichnung Attribut 1*	*Einheit Attribut 1]*
[Attribut 2	*Bezeichnung Attribut 2*	*Einheit Attribut 2]*
[...	...	*...]*
[Attribut i	*Bezeichnung Attribut i*	*Einheit Attribut i]*

Energieträger

PRE	**Primärenergie**	
PR_BM	Biomasse	
PR_EG	Erdgas	
PR_KK	Kernenergie	
PR_MO	Mineralöl	
PR_RE	Reststoffe	
PR_SK	Steinkohle	
PR_SO	Solarenergie	
PR_WI	Windenergie	
PRP_EMI	CO_2-Emissionsfaktor	t/MWh
PRP_PRS	Preis pro Energieeinheit	DM/MWh
PRV_CO2	CO_2-Emissionsmenge	t
PRV_MGE	Primärenergieeinsatz	MWh

ELE	**Lastbereiche Elektrizität**	
EL_GL	Grundlast	
EL_ML	Mittellast	
EL_SL	Spitzenlast	
ELP_HPA	Dauer des Lastfalles	h/a
ELP_RES	Reservefaktor	–

SEK	**Sekundärenergieträger**	
SE_EG	Erdgas	
SE_FW	Fernwärme	
SE_GL	Elektrizität Grundlast	
SE_ML	Elektrizität Mittellast	
SE_MO	Mineralöl	
SE_SL	Elektrizität Spitzenlast	
SE_SO	Solarenergie	
SEP_OUT	Index des aufnehmenden Endenergieträgers	–

END	**Endenergieträger**
EN_EG	Erdgas
EN_EL	Elektrizität
EN_FW	Fernwärme
EN_MO	Mineralöl
EN_SO	Solarenergie

NZE	**Nutzenergie**
NZ_HT	Hochtemperaturwärme
NZ_IK	Information und Kommunikation
NZ_LI	Beleuchtung
NZ_ME	Mechanische Energie
NZ_NT	Niedertemperaturwärme

Umwandlungsanlagen: Primär- in Sekundärenergie

KKW	Kernkraftwerke	
ELB_BF	Kernkraftwerk Brokdorf Bestand	
ELB_BL	Kernkraftwerk Brunsbüttel Bestand	
ELB_KR	Kernkraftwerk Krümmel Bestand	
ELB_ST	Kernkraftwerk Stade Bestand	
ELN_BL	Kernkraftwerk Brunsbüttel Neuanlage	
ELN_ST	Kernkraftwerk Stade Neuanlage	
KKP_BLK	Blockgröße / Installierte Kapazität	MW
KKP_FIX	Spezifische fixe Ausgaben	DM/MW · a
KKP_INP	Index der eingesetzten Primärenergie	–
KKP_MXG	Zeitverfügbarkeit Grundlast	h/a
KKP_MXH	Maximale Einsatzdauer	h/a
KKP_MXM	Zeitverfügbarkeit Mittellast	h/a
KKP_MXS	Zeitverfügbarkeit Spitzenlast	h/a
KKP_NGD	Nutzungsgrad	–
KKP_VAR	Spezifische variable Ausgaben	DM/MWh
KKP_VFG	Leistungsverfügbarkeit	–
KKP_VGB	Indikatorvariable zur Steuerung des Zubaus bzw. der Stillegung: -1 Erzwungene Stillegung bzw. Verzicht auf Zubau 0 Modellgesteuerte Entscheidung 1 Erzwungener Weiterbetrieb bzw. Zubau	–
KKV_EGL	Elektrizitätserzeugung Grundlast	MWh
KKV_EIN	Binärvariable zur Berücksichtigung der Blockgröße bei Einsatz des Kernkraftwerks: 0 Stillegung bzw. kein Zubau 1 Weiterbetrieb bzw. Zubau	–
KKV_EML	Elektrizitätserzeugung Mittellast	MWh
KKV_EPS	Elektrizitätserzeugung Pumpstrom	MWh
KKV_ESL	Elektrizitätserzeugung Spitzenlast	MWh
KKV_KAP	Installierte Kapazität	MW

KWK	**Konventionelle thermische Kraftwerke**	
ELB_EG	Erdgasbefeuerte Kraftwerke Bestand	
ELB_MO	Mineralölbefeuerte Kraftwerke Bestand	
ELB_RE	Reststoffverwertende Kraftwerke Bestand	
ELB_SK	Steinkohlebefeuerte Kraftwerke Bestand	
ELN_EG	Erdgasbefeuerte GuD-Kraftwerke Neuanlagen	
ELN_SK	Steinkohlebefeuerte Kraftwerke Neuanlagen	
KWP_INP	Index der eingesetzten Primärenergie	–

FLX	**Fluktuierende Elektrizitätseinspeisung aus regenerativen Quellen**	
ELB_SO	Photovoltaikanlagen Bestand	
ELB_WI	Windkraftanlagen Bestand	
ELN_OS	Windkraftanlagen Neu Offshore	
ELN_SO	Photovoltaikanlagen Neu	
ELN_WI	Windkraftanlagen Neu	
FLP_AGL	Anteilige Grundlasterzeugung	–
FLP_AML	Anteilige Mittellasterzeugung	–
FLP_ASL	Anteilige Spitzenlasterzeugung	–
FLP_INP	Index der eingesetzten Primärenergie	–

HKW	**Heizkraftwerke**	
HKB_EG	Erdgas-Heizkraftwerke Bestand	
HKB_MO	Mineralöl-Heizkraftwerke Bestand	
HKB_RE	Reststoff-Heizkraftwerke Bestand	
HKB_SK	Steinkohle-Heizkraftwerke Bestand	
HKN_EG	Erdgas-Heizkraftwerke Neuanlagen	
HKN_RE	Reststoff-Heizkraftwerke Neuanlagen	
HKN_SK	Steinkohle-Heizkraftwerke Neuanlagen	
HKP_INP	Index der eingesetzten Primärenergie	–

BKW	**Blockheizkraftwerke**	
BKB_BM	Biomasse-Blockheizkraftwerke Bestand	
BKB_EG	Erdgas-Blockheizkraftwerke Bestand	
BKB_MO	Mineralöl-Blockheizkraftwerke Bestand	
BKN_BM	Biomasse-Blockheizkraftwerke Neuanlagen	
BKN_BZ	Brennstoffzellen-Blockheizkraftwerke Neuanlagen	
BKN_EG	Erdgas-Blockheizkraftwerke Neuanlagen	
BKN_MO	Mineralöl-Blockheizkraftwerke Neuanlagen	
BKP_AGL	Anteilige Grundlasterzeugung Elektrizität	–
BKP_AML	Anteilige Mittellasterzeugung Elektrizität	–
BKP_ASL	Anteilige Spitzenlasterzeugung Elektrizität	–
BKP_INP	Index der eingesetzten Primärenergie	–

HZW	**Heizwerke zur Niedertemperaturwärme-Erzeugung**	
HZB_BM	Biomasse-Heizwerk Bestand	
HZB_EG	Erdgas-Heizwerk Bestand	
HZB_MO	Mineralöl-Heizwerk Bestand	
HZB_RE	Reststoff-Heizwerk Bestand	
HZB_SK	Steinkohle-Heizwerk Bestand	
HZN_BM	Biomasse-Heizwerk Neuanlagen	
HZN_EG	Erdgas-Heizwerk Neuanlagen	
HZN_SK	Steinkohle-Heizwerk Neuanlagen	
HZP_INP	Index der eingesetzten Primärenergie	–

DMY	**„Dummy-Umwandlung" von Primärenergieträgern**	
DMY_EG	Dummy-Umwandlung Erdgas	
DMY_MO	Dummy-Umwandlung Mineralöl	
DMY_SO	Dummy-Umwandlung Solarenergie	
DMP_INP	Index der eingesetzten Primärenergie	–
DMP_OUT	Index der ausgehenden Sekundärenergie	–

PSP **Pumpspeicher-Kraftwerke**

PSP_GT Pumpspeicherwerk Geesthacht

PSP_FIX	Spezifische fixe Ausgaben	DM/MW · a
PSP_KMN	Minimale Kapazität	MW
PSP_KMX	Maximale Kapazität	MW
PSP_MNH	Minimale Einsatzdauer	h/a
PSP_MXH	Maximale Einsatzdauer	h/a
PSP_MXM	Zeitverfügbarkeit Mittellast	h/a
PSP_MXS	Zeitverfügbarkeit Spitzenlast	h/a
PSP_NGD	Nutzungsgrad	–
PSP_VAR	Spezifische variable Ausgaben	DM/MWh
PSP_VFG	Leistungsverfügbarkeit	–
PSV_EML	Elektrizitätserzeugung Mittellast	MWh
PSV_ESL	Elektrizitätserzeugung Spitzenlast	MWh
PSV_KAP	Installierte Kapazität	MW

Endenergieträger und deren Umwandlung in Nutzenergie

DST **Distribution von Endenergieträgern**

DSB_EG	Erdgasnetze Bestand
DSB_EL	Elektrizitätsnetze Bestand
DSB_FW	Fernwärmenetze Bestand
DSB_MO	Mineralöl-Distribution
DSB_SO	Solarenergie („Dummy"-Verteilung)
DSN_EG	Erdgasnetze Neuanlagen
DSN_EL	Elektrizitätsnetze Neuanlagen
DSN_FW	Fernwärmenetze Neuanlagen

DSP_INP	Index der eingesetzten Endenergie	–

NZU	**Umwandlung von End- in Nutzenergie**	
HTB_EG	Hochtemperaturwärme aus Erdgas Bestand	
HTB_EL	Hochtemperaturwärme aus Elektrizität Bestand	
HTB_MO	Hochtemperaturwärme aus Mineralöl Bestand	
HTN_EG	Hochtemperaturwärme aus Erdgas Neuanlagen	
HTN_EL	Hochtemperaturwärme aus Elektrizität Neuanlagen	
HTN_MO	Hochtemperaturwärme aus Mineralöl Neuanlagen	
IKB_EL	Information und Kommunikation aus Elektrizität Bestand	
IKN_EL	Information und Kommunikation aus Elektrizität Neuanlagen	
LIB_EL	Beleuchtung aus Elektrizität Bestand	
LIN_EL	Beleuchtung aus Elektrizität Neuanlagen	
MEB_EL	Mechanische Energie aus Elektrizität Bestand	
MEB_MO	Mechanische Energie aus Mineralöl Bestand	
MEN_EL	Mechanische Energie aus Elektrizität Neuanlagen	
MEN_MO	Mechanische Energie aus Mineralöl Neuanlagen	
NTB_EG	Niedertemperaturwärme aus Erdgas Bestand	
NTB_EL	Niedertemperaturwärme aus Elektrizität Bestand	
NTB_FW	Niedertemperaturwärme aus Fernwärme Bestand	
NTB_MO	Niedertemperaturwärme aus Mineralöl Bestand	
NTB_SO	Niedertemperaturwärme aus Solarenergie (Solarthermische Anlagen) Bestand	
NTB_WP	Niedertemperaturwärme aus elektrisch betriebenen Wärmepumpen Bestand	
NTN_EG	Niedertemperaturwärme aus Erdgas Neuanlagen	
NTN_EL	Niedertemperaturwärme aus Elektrizität Neuanlagen	
NTN_FW	Niedertemperaturwärme aus Fernwärme Neuanlagen	
NTN_MO	Niedertemperaturwärme aus Mineralöl Neuanlagen	
NTN_SO	Niedertemperaturwärme aus Solarenergie (Solarthermische Anlagen) Neuanlagen	
NTN_WP	Niedertemperaturwärme aus elektrisch betriebenen Wärmepumpen Neuanlagen	
NZP_INP	Index der eingesetzten Endenergie	–
NZP_OUT	Index der ausgehenden Nutzenergie	–

Planungsregionen

REG	Planungsregionen	
HH	Hamburg	
SH	Schleswig-Holstein	

Zeitlich fluktuierende Einspeisung von Elektrizität

INT	Intervalle installierter Kapazitäten zur Kennlinien-Linearisierung	
1..5	Kapazitäts-Intervall 1 bis 5	
IVP_IVB	Intervallbreite	MW

FLX_INT	Kenngrößen der fluktuierenden Einspeisung aus regenerativen Quellen	
Set FLX	Fluktuierende Elektrizitätseinspeisung aus regenerativen Quellen	
Set INT	Intervalle installierter Kapazitäten zur Kennlinien-Linearisierung	
FLP_EUS	Anteil der Überschußstromproduktion je Kapazitäts-Intervall	–
FLP_KRD	Anteiliger Leistungskredit je Kapazitäts-Intervall	–

FLX_RFB	Reihenfolgebedingungen zur Belegung der Kapazitätsintervalle bei fluktuierender Einspeisung aus regenerativen Quellen	
Set INT	Intervalle installierter Kapazitäten zur Kennlinien-Linearisierung	
Set PRE	Primärenergieträger	
IVV_FLX	Binärvariable zur Steuerung der Reihenfolgebedingungen	–

BKW_INT **Kenngrößen der fluktuierenden Einspeisung aus Blockheizkraftwerken**

Set BKW	Blockheizkraftwerke	
Set INT	Intervalle installierter Kapazitäten zur Kennlinien-Linearisierung	
BKP_EUS	Anteil der Überschußstromproduktion je Kapazitäts-Intervall	–
BKP_KRD	Anteiliger Leistungskredit je Kapazitäts-Intervall	–

BKW_RFB **Reihenfolgebedingungen zur Belegung der Kapazitätsintervalle bei fluktuierender Einspeisung aus Blockheizkraftwerken**

Set INT	Intervalle installierter Kapazitäten zur Kennlinien-Linearisierung	
IVV_BKW	Binärvariable zur Steuerung der Reihenfolgebedingungen	–

Energieträger nach Regionen

SEK_REG **Sekundärenergie in den Regionen**

Set REG	Planungsregionen	
Set SEK	Sekundärenergie	
SEP_ANT	Grund-, Mittel bzw. Spitzenlastanteil an der Gesamtnachfrage (nur für Elektrizität relevant)	–
SEV_MGE	Erzeugte bzw. bereitgestellte Sekundärenergie	MWh

ELE_REG **Kapazitätsbedarf Elektrizität je Lastfall und Regionen**

Set ELE	Elektrizität	
Set REG	Planungsregionen	
ELV_KAP	Kapazitätsbedarf (ohne Reserve) zur Grund-, Mittel und Spitzenlastabdeckung	MW

END_REG	**Endenergiebedarf in den Regionen**	
Set END	Endenergie	
Set REG	Planungsregionen	
ENP_EXP	Import- bzw. Exportsaldo als zusätzliches Angebot bzw. zusätzliche Nachfrage	MWh
ENV_BRT	Brutto-Bedarf (inklusive Import-/Exportsaldo und Transportverlust)	MWh
ENV_NET	Netto-Endenergiebedarf	MWh

NZE_REG	**Nutzenergiebedarf in den Regionen**	
Set NZE	Nutzenergie	
Set REG	Planungsregionen	
NZP_BDF	Nutzenergiebedarf je Nutzenergieart und Region	MWh

Umwandlungssektor in den Regionen

KWK_REG **Konventionelle thermische Kraftwerke in den Regionen**

Set KWK	Kraftwerke	
Set REG	Planungsregionen	
KWP_FIX	Spezifische fixe Ausgaben	DM/MW · a
KWP_KMN	Minimale Kapazität	MW
KWP_KMX	Maximale Kapazität	MW
KWP_MXG	Zeitverfügbarkeit Grundlast	h/a
KWP_MXH	Maximale Einsatzdauer	h/a
KWP_MXM	Zeitverfügbarkeit Mittellast	h/a
KWP_MXS	Zeitverfügbarkeit Spitzenlast	h/a
KWP_NGD	Nutzungsgrad	–
KWP_VAR	Spezifische variable Ausgaben	DM/MWh
KWP_VFG	Leistungsverfügbarkeit	–
KWV_EGL	Elektrizitätserzeugung Grundlast	MWh
KWV_EML	Elektrizitätserzeugung Mittellast	MWh
KWV_EPS	Elektrizitätserzeugung Pumpstrom	MWh
KWV_ESL	Elektrizitätserzeugung Spitzenlast	MWh
KWV_KAP	Installierte Kapazität	MW

HZW_REG **Heizwerke je Region**

Set HZW	Heizwerke	
Set REG	Planungsregionen	
HZP_FIX	Spezifische fixe Ausgaben	$DM/MW_{th} \cdot a$
HZP_KMN	Minimale Kapazität	MW_{th}
HZP_KMX	Maximale Kapazität	MW_{th}
HZP_MXH	Maximale Einsatzdauer	h/a
HZP_NGD	Nutzungsgrad	–
HZP_VAR	Spezifische variable Ausgaben	DM/MWh_{th}
HZV_EFW	Wärmeerzeugung	MWh_{th}
HZV_KAP	Installierte Kapazität	MW_{th}

FLX_REG **Fluktuierende Elektrizitätseinspeisung aus regenerativen Quellen nach Regionen**

Set FLX	Fluktuierende Elektrizitätseinspeisung aus regenerativen Quellen
Set REG	Planungsregionen

FLP_FIX	Spezifische fixe Ausgaben	DM/MW · a
FLP_HPA	Jährliche Vollaststunden	h/a
FLP_KMN	Minimale Kapazität	MW
FLP_KMX	Maximale Kapazität	MW
FLP_NGD	Nutzungsgrad	–
FLP_VAR	Spezifische variable Ausgaben	DM/MWh
FLV_EGL	Elektrizitätserzeugung Grundlast	MWh
FLV_EML	Elektrizitätserzeugung Mittellast	MWh
FLV_EPS	Elektrizitätserzeugung Pumpstrom	MWh
FLV_ESL	Elektrizitätserzeugung Spitzenlast	MWh
FLV_EUS	Elektrizitätserzeugung Überschußstrom	MWh
FLV_KAP	Installierte Kapazität über alle Intervalle	MW
FLV_KRD	Anrechenbarer Leistungskredit	MW

FLX_INT_REG **Kapazität regenerativer Elektrizitätserzeugung je Intervall und Region**

Set FLX_INT	Kenngrößen der fluktuierenden Einspeisung aus regenerativen Quellen
Set REG	Planungsregionen

FLV_KIN	Installierte Kapazität je Erzeugungstechnologie, Intervall und Region	MW

HKW_REG	**Heizkraftwerke in den Regionen**	
Set HKW	Heizkraftwerke	
Set REG	Planungsregionen	
HKP_FIX	Spezifische fixe Ausgaben	$DM/MW_{el} \cdot a$
HKP_KMN	Minimale Kapazität	MW_{el}
HKP_KMX	Maximale Kapazität	MW_{el}
HKP_MXG	Zeitverfügbarkeit Grundlast	h/a
HKP_MXH	Maximale Einsatzdauer	h/a
HKP_MXM	Zeitverfügbarkeit Mittellast	h/a
HKP_MXS	Zeitverfügbarkeit Spitzenlast	h/a
HKP_NGD	Nutzungsgrad	–
HKP_SKZ	Stromkennzahl	–
HKP_VAR	Spezifische variable Ausgaben	DM/MWh_{el}
HKP_VFG	Leistungsverfügbarkeit	–
HKV_EFW	Fernwärmeerzeugung	MWh_{th}
HKV_EGL	Elektrizitätserzeugung Grundlast	MWh_{el}
HKV_EML	Elektrizitätserzeugung Mittellast	MWh_{el}
HKV_EPS	Elektrizitätserzeugung Pumpstrom	MWh_{el}
HKV_ESL	Elektrizitätserzeugung Spitzenlast	MWh_{el}
HKV_KAP	Installierte Kapazität	MW_{el}

DMY_REG	**„Dummy-Umwandlung“ je Region**	
Set DMY	„Dummy-Umwandlung“ von Primärenergieträgern	
Set REG	Planungsregionen	
DMV_MGE	Umgewandelte Primär- bzw. Sekundärenergie	MWh

BKW_REG **Fluktuierende Elektrizitätseinspeisung aus Blockheizkraftwerken je Region**

Set BKW	Fluktuierende Elektrizitätseinspeisung aus Blockheizkraftwerken	
Set REG	Planungsregionen	
BKP_FIX	Spezifische fixe Ausgaben	$DM/MW_{el} \cdot a$
BKP_HPA	Jährliche Vollaststunden	h/a
BKP_KMN	Minimale Kapazität	MW_{el}
BKP_KMX	Maximale Kapazität	MW_{el}
BKP_NGD	Nutzungsgrad	–
BKP_SKZ	Stromkennzahl	–
BKP_VAR	Spezifische variable Ausgaben	DM/MWh_{el}
BKV_EFW	Wärmeerzeugung	MWh_{th}
BKV_EGL	Elektrizitätserzeugung Grundlast	MWh_{el}
BKV_EML	Elektrizitätserzeugung Mittellast	MWh_{el}
BKV_EPS	Elektrizitätserzeugung Pumpstrom	MWh_{el}
BKV_ESL	Elektrizitätserzeugung Spitzenlast	MWh_{el}
BKV_EUS	Elektrizitätserzeugung Überschußstrom	MWh_{el}
BKV_KAP	Installierte Kapazität über alle Intervalle	MW_{el}
BKV_KRD	Anrechenbarer Leistungskredit	MW_{el}

BKW_INT_REG **Kapazität von Blockheizkraftwerken je Intervall und Region**

Set BKW_INT	Kenngrößen der fluktuierenden Einspeisung aus Blockheizkraftwerken	
Set REG	Planungsregionen	
BKV_KIN	Installierte Kapazität je BHKW-Technologie, Intervall und Region	MW

Endenergie-Distribution in den Regionen

DST_REG	**Distribution der Endenergieträger je Region**	
Set DST	Distribution von Endenergieträgern	
Set REG	Planungsregionen	
DSP_FIX	Spezifische fixe Ausgaben	DM/MW · a
DSP_KMN	Minimale Netz- bzw. Transportkapazität	MW
DSP_KMX	Maximale Netz- bzw. Transportkapazität	MW
DSP_MXH	Maximale Einsatzdauer	h/a
DSP_NGD	Nutzungsgrad	–
DSP_VAR	Spezifische variable Ausgaben	DM/MWh
DSV_KAP	Installierte Netz- bzw. Transportkapazität	MW
DSV_MGE	Verteilte bzw. transportierte Endenergie	MWh

Nutzenergie-Technologien in den Regionen

NZU_REG	**Nutzenergie-Technologien je Region**	
Set NZU	Umwandlung von End- in Nutzenergie	
Set REG	Planungsregionen	
NZP_FIX	Spezifische fixe Ausgaben	DM/MW · a
NZP_KEF	Kapazitätseffekt	–
NZP_KMN	Minimale Kapazität	MW
NZP_KMX	Maximale Kapazität	MW
NZP_MNH	Minimale Einsatzdauer	h/a
NZP_MXH	Maximale Einsatzdauer	h/a
NZP_NGD	Nutzungsgrad	–
NZP_VAR	Spezifische variable Ausgaben	DM/MWh
NZV_KAP	Installierte Kapazität	MW
NZV_MGE	Erzeugte bzw. bereitgestellte Nutzenergie	MWh

Axel Thomas

Unternehmensinternes Kostenmanagement in Energieversorgungsunternehmen

Grundlagen effektiver Kostenrechnungsverfahren auf der Basis der SAP-Software

Frankfurt/M., Berlin, Bern, Bruxelles, New York, Oxford, Wien, 2001.
474 S., 113 Abb., 48 Tab.
Kommunalwirtschaftliche Forschung und Praxis.
Herausgegeben von Wolf Gottschalk. Bd. 4
ISBN 3-631-38136-0 · br. € 50.10*

Die innere Ruhe in den Energieversorgungsunternehmen ist verflogen. Sie sind durch die Liberalisierung der Märkte und den zunehmend intensiveren Wettbewerb um Kunden gezwungen zu neuem Denken und Handeln in Bezug auf das Management von Kostenniveau, Kostenstruktur und Kostenverlauf.
Axel Thomas gibt einen breitangelegten und fundierten Überblick über das innerbetriebliche Rechnungswesen in dieser volkswirtschaftlich so wichtigen Branche. Er stellt dar, welche Beiträge Informationsmanagement und Controlling auf der Basis der SAP Software erbringen können, um die Transparenz der Geschäftsprozesse zu erhöhen und die Unternehmensperformance zu verbessern.
Dieses Buch ist für die betriebliche Praxis, für kostenverantwortliche Techniker und Kaufleute sowie für Studierende eine wichtige Informationsquelle und zugleich ein wertvoller Begleiter.

Aus dem Inhalt: Grundlagen der Kostenrechnung und Kostensteuerung im Energieversorgungsunternehmen · Berücksichtigung neuer Kostenrechnungsverfahren (Prozesskostenrechnung) · SAP Software

Frankfurt/M · Berlin · Bern · Bruxelles · New York · Oxford · Wien
Auslieferung: Verlag Peter Lang AG
Jupiterstr. 15, CH-3000 Bern 15
Telefax (004131) 9402131

*inklusive der in Deutschland gültigen Mehrwertsteuer
Preisänderungen vorbehalten

Homepage http://www.peterlang.de

FSC
www.fsc.org
MIX
Papier | Fördert
gute Waldnutzung
FSC® C083411

Kolibri 360 GmbH
Ferdinand-Jühlke-Straße 7
99095 Erfurt, Deutschland
produktsicherheit@kolibri360.de

Druck:
CPI Druckdienstleistungen GmbH
im Auftrag der
Kolibri 360 GmbH
Ferdinand-Jühlke-Str. 7
99095 Erfurt